S. JA. FRENKEL

FORTSCHRITTE AUF DEM GEBIET DER UNTERSUCHUNGEN ÜBER DEN BAU DER STÄRKE

S. JA. FRENKEL

Fortschritte auf dem Gebiet der Untersuchungen über den Bau der Stärke

MIT 12 ABBILDUNGEN

1953

AKADEMIE-VERLAG · BERLIN

С. Я. Френкель, Успехи в области изучения строения крахмала

Erschienen in der Zeitschrift „Fortschritte der Chemie" Band XIX, Nr. 4. S. 489—517 (1950)

Übersetzt aus dem Russischen von: R. Moritz und G. Feldmann,
Mitarbeiter im Institut für Ernährungsforschung, Potsdam-Rehbrücke

Wissenschaftlicher Redakteur: Dr. habil. M. Ulmann,
Institut für Ernährungsforschung, Potsdam-Rehbrücke

Die Herausgabe der deutschen Übersetzung wurde gefördert vom Kulturfonds
der Deutschen Demokratischen Republik

Erschienen im Akademie-Verlag GmbH., Berlin NW 7, Schiffbauerdamm 19
Lizenz-Nr. 202 - 100/23/53

Satz und Druck: VEB Deutsche Musikalien-Druckerei, Leipzig (III/18/157)
Bestell- und Verlagsnummer 5116
Printed in Germany

Inhaltsverzeichnis

In den letzten 10 Jahren haben sich die äußerst verwickelten Vorstellungen über den Bau der Stärke in erheblichem Maße geklärt. Der recht heterogene Charakter der Veröffentlichungen und das Fehlen einer allgemeinen Übersicht führten jedoch dazu, daß die sehr umfangreiche Literatur über die Stärke auch jetzt noch viele Widersprüche aufweist, die auf eine fehlerhafte Terminologie und ungenügende Exaktheit der Versuche zurückzuführen sind. Dies führte nicht selten zu einer falschen Auswertung der Versuchsergebnisse. (Recht viele solcher Fehler sind in einigen Arbeiten englischer und amerikanischer Biochemiker anzutreffen.)

Die vorliegende Arbeit erhebt nicht den Anspruch einer allseitigen Betrachtung der Probleme der Stärkechemie. So sind in ihr z. B. die biochemischen Synthesen und der Abbau der Stärke und des Glykogens, die als Thema einer gesonderten Arbeit, ja selbst eines Buches dienen könnten, unberücksichtigt geblieben. Probleme der Kolloidchemie der Stärke, die in der sowjetischen Literatur eingehend behandelt worden sind, wurden in vorliegender Arbeit ebenfalls kaum berührt.

Einer genauen Betrachtung wurde eine Reihe Methoden der Fraktionierung und der strukturellen Untersuchung der Stärke und des Glykogens unterzogen (siehe Abschnitt 2 und 3). Im Abschnitt 4 wird auf der Basis spezifischer Reaktionen mit Jod und mit Fällungsmitteln das Problem der Stärkestruktur vom Standpunkt der Molekularphysik aus beurteilt. Unter gleichen Gesichtspunkten werden im Abschnitt 5 die Eigenschaften der Stärke- und Glykogenlösungen untersucht. Der Autor hält es für besonders wichtig, die Aufmerksamkeit auf Erscheinungen der Retrogradation und der amorphen Aggregation zu lenken, da diese den Ursprung verschiedener Irrtümer bei Untersuchungen bilden. Am Ende des Abschnittes 5 werden die Eigenschaften der Stärke vom Standpunkt der reinen Kolloidik aus kurz umrissen.

Bei Betrachtung ausländischer Arbeiten (die in ihrer Mehrzahl weiten sowjetischen Leserkreisen unbekannt sind) bemühten wir uns, diese auf die Untersuchungen der Schulen von MEYER und HAWORTH sowie von vier amerikanischen Laboratorien (SCHOCH, KERR, HASSID und RUNDLE) zu beschränken. Ebenso strebten wir an, eine möglichst eingehende kritische Analyse dieser Arbeiten zu bringen, da dies um so mehr erforderlich ist, als die theoretischen Schlußfolgerungen fast aller obengenannten Autoren (außer MEYER und KERR) mitunter ziemlich anfechtbar sind. Was die angewandte Versuchsmethodik betrifft, so stellt sie meistenteils einen zweifellosen Fortschritt dar, obgleich deren Bedeutung im Einzelfall von den Autoren überschätzt wurde. Wenn wir sie dennoch anführten, so geschah es lediglich zu dem Zweck, daß sich der Leser der Originale der oben angeführten Arbeiten nicht vergeblich abmüht, Begriffe wie „Alkalizahlen" (SCHOCH) oder „Blauwert" (HASSID) zu deuten.

1. Einführung

Wie bekannt ist, sind Stärke und Glykogen Polyglucoside, deren Kette aus α-1,4 glucosidisch gebundenen Glucopyranoseringen besteht. Die Seitenketten vereinigen sich mit der Grundkette durch α-1,6-Bindungen. Diese Tatsache wurde zu Ende der zwanziger Jahre von HAWORTH festgestellt und anschließend durch die Schulen HAWORTHS und MEYERS weiter entwickelt. Im Jahre 1940 hat MEYER (1) die Lage endgültig dahingehend formuliert, daß die Stärke aus zwei Fraktionen besteht: 1. einer nicht verzweigten — der Amylose und 2. einer stark verzweigten — dem Amylopektin. HAWORTH war lange der Meinung, daß solch eine Teilung nach Fraktionen nicht existiere, sondern die Stärke eine Mischung von Polyglucosiden verschiedener Verzweigungsstufen darstelle. Erst nachdem SCHOCH Fraktionen in reiner Form dargestellt hatte, erkannte HAWORTH diese Struktur der Stärke an.

Nach MEYER ist Amylopektin ein stark verzweigtes Polymeres, in dem die Abzweigungen jeweils annähernd nach dem zehnten Kettenglied erfolgen; die äußeren Abzweigungen haben eine Länge von etwa 15—20 Glucoseeinheiten. HAWORTH verteidigt bis jetzt einen anderen Standpunkt, auf den wir später noch zurückkommen werden.

Das Glykogen unterscheidet sich von der Stärke durch das Fehlen einer Fraktion unverzweigter Ketten. Es ist noch stärker verzweigt als das Amylopektin. Die natürliche Stärke ist kornförmig. Die Körner enthalten Beimengungen von Phosphorverbindungen und Fettsäuren. Das Glykogen bildet keine Körner, sondern neigt zur Bildung polymolekularer, amorpher Aggregate. Das Glykogen ist vorwiegend in tierischen Geweben enthalten, es ist aber auch in einigen Getreidearten festgestellt worden. Wie MEYER (3) nachweist, unterscheidet sich

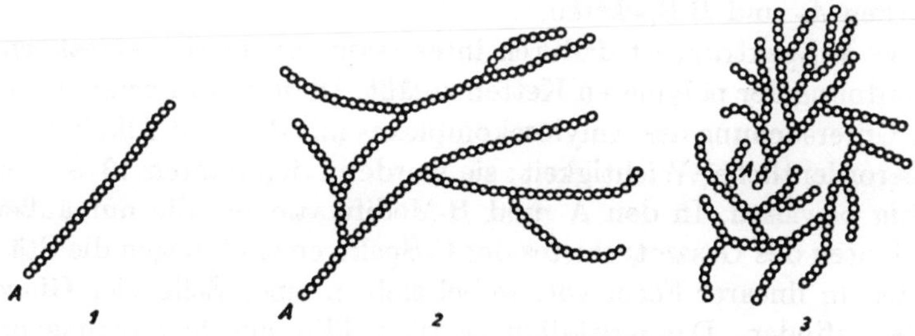

Abb. 1. 1 = Amylose; 2 = Amylopektin; 3 = Glykogen; A = aldehydisches Ende

das Polysaccharid des Maises „Goldbentam“ durch nichts vom gewöhnlichen Glykogen. Somit unterscheidet nur die chemische Struktur, aber nicht die tierische oder pflanzliche Herkunft die Stärke vom Glykogen. Die Abbildung 1 veranschaulicht in schematischer Darstellung die Struktur von Amylose, Amylopektin und Glykogen: Die kleinen Kreise kennzeichnen je eine Glucoseeinheit.

In Lösungen neigt die Stärke zur Bildung kolloider Teilchen und von Gelen, was sich durch Neigung ihrer Fraktionen zu einer polykristallinen Aggregation erklärt. Sie tritt z. B. beim „Altern“ der Stärkelösungen hervor: Infolge des Stehens scheidet sich die Stärke aus der Lösung in Form unlöslicher Flocken aus. Dieser Vorgang wird „Retrogradation“ genannt. Mit ihr ist fast bei jeder Untersuchung zu rechnen.

Die Röntgenogramme der Stärke weisen auf das Vorliegen eines Kristallgitters hin. Nach der ursprünglichen Klassifizierung KATZS (4) werden vier Grundarten von Spektren unterschieden: Das A-Spektrum ist charakteristisch für Getreide, das B-Spektrum wird von

Stärken gegeben, die der Kartoffelstärke entsprechen, und eine Zwischenart, das C-Spektrum (z. B. bei Sagostärke). Das vierte Spektrum erhielt KATZ (4) im ersten Stadium der Kleisterbildung bei der Behandlung der Stärke mit Alkoholen; deshalb nannte er es V-Spektrum („Verkleisterung"). Wie nachstehend ersichtlich wird, beruht diese Benennung auf einem Mißverständnis. Die Entstehungsursache des V-Spektrums war die Behandlung mit Alkoholen, jedoch keineswegs der Beginn der Kleisterbildung. Bei der Retrogradation ergeben alle Stärken A- und B-Spektren.

Das V-Spektrum ist dadurch interessant, als es eine spiralförmige Anordnung der polymeren Ketten zuläßt. Diese Voraussetzung ist bei der Untersuchung des Amylosekomplexes mit Jod und Alkoholen von außerordentlicher Wichtigkeit; sie wurde in den Jahren 1943/44 endgültig bewiesen. In den A- und B-Modifikationen, die nur äußerste Varianten des Gesamtgebietes der C-Spektren sind, liegen die Stärkeketten in linearer Form vor, wobei sich in einer Zelle vier Glucosereste befinden. Das Kristallgitter ist triklin mit fast orthogonalen Achsen[1].

Die Jodreaktionen der Stärke sind in einer vorzüglichen Arbeit von B. N. STEPANENKO eingehend behandelt worden, weshalb wir sie hier nicht im einzelnen beleuchten, sondern uns auf eine Zusammenfassung der wesentlichen Daten, die zur Wahrung des Zusammenhanges erforderlich sind, beschränken wollen.

Bei der Hydrolyse mit Säuren oder Amylasen zerfällt die Stärke bis zu Glucose (vornehmlich bei der Säurehydrolyse), Maltose und reduzierenden Enddextrinen. Bei Einwirkung von β-Amylase führt die Hydrolyse zur Maltose. Hierbei löst die β-Amylase α-1,4-Bindungen unter Abspaltung eines Moleküls Maltose vom nichtreduzierenden Kettenende. Die Hydrolyse des Amylopektins und Glykogens führt bei Einwirkung der β-Amylase zur Bildung des „β-Dextrins" — eines verzweigten Moleküls, dessen äußere Zweige entfernt sind. Die α-Amylase spaltet α-1,4-Bindungen in der Mitte der Kette, was eine schnelle Bildung von Dextrinen zur Folge hat. Die Endprodukte der α-Amylolyse (d. h. Hydrolyse unter Wirkung der α-Amylase; analog

---

[1] Hinsichtlich der Richtigkeit des Vorhandenseins einer solchen Struktur siehe S. 34—37.

der β-Amylolyse sind Glucose, Maltose und Grenzdextrine. Die Grenz dextrine enthalten α-1,6-Bindungen, die sich der Einwirkung der Amylasen entziehen. Dieses sind die Reste der Verzweigungen des Amylopektins und des Glykogens. Aus dem gleichen Grunde kann die β-Amylase nicht völlig hydrolysieren: Bei der α-1,6-Bindung kommt die Hydrolyse zum Stillstand. Die Stufenwirkung der β-Amylase gestattet ihr nicht die Verzweigungen zu umgehen, die α-Amylase dagegen kann, indem sie die linearen Bereiche der Ketten spaltet, zu beiden Seiten der Verzweigungen wirksam sein.

Der Verlauf der Hydrolyse wird gewöhnlich durch Jod oder Reduktionsmethoden verfolgt (letztere gründen sich alle darauf, daß sich die Anzahl der reduzierenden Gruppen, die alkalische Kupferlösung zu reduzieren imstande sind, bei der Hydrolyse vermehrt).

2. Die Fraktionierung der Stärke

Es sollen hier nur die neuesten Methoden der Stärkefraktionierung, die auf der Verschiedenheit der physikalisch-chemischen Eigenschaften der Amylose und des Amylopektins beruhen, berücksichtigt werden. Die alten Methoden [z. B. das Ausfrieren nach LING und NANJI (1,6)] führen zu Fraktionen, die es nur dem Namen nach sind. Es ist selbstverständlich, daß diese Methoden nur ein annäherndes Ergebnis zeitigen konnten, da sie noch vor der Klärung des Bauprinzips der Stärke entwickelt wurden.

Die neueren Methoden der Fraktionierung können in drei Hauptgruppen unterteilt werden:

Die erste Gruppe bedient sich der unterschiedlichen Löslichkeit der Amylose und des Amylopektins in Wasser. Bis 1941 war dies das einzige Verfahren zur Fraktionierung, das nicht von einer starken Hydrolyse der Stärke begleitet war.

Praktisch läuft dieses Verfahren darauf hinaus, daß die Stärke für die Dauer einiger Stunden mit Wasser von 60° behandelt wird, wodurch die Stärkekörner quellen. Die Hüllen werden jedoch nicht zerstört, was für die Isolierung des Amylopektins wesentlich ist[1]. Das Wasser dringt in das Innere des Kornes ein und spült hauptsächlich

[1] Über die Stärkekörner siehe Abschnitt 5.

die niedermolekulare Amylosefraktion (mit einem Polymerisationsgrad von 60) heraus. Nach dem Abkühlen wird die Lösung zentrifugiert, dekantiert, die Amylose mit Methylalkohol ausgefällt und schließlich abgetrennt. Ein nochmaliges Hinzufügen von Methylalkohol führt zur Ausfällung höhermolekularer, mit Amylopektin verunreinigter Amylose. Das nach dem ersten Zentrifugieren erhaltene Gel stellt ein Gemisch von Amylopektin mit hochpolymerer Amylose dar.

Diese Methode wurde von MEYER (1) ausgearbeitet. HASSID und Mc CREADY (6) benutzten diese Methode zum Nachweis der Existenz zweier Fraktionen in der Stärke. Es gelang ihnen, eine Amylose mit einem mittleren Polymerisationsgrad von 300 und ein Amylopektin mit einer Kettenlänge zwischen den Abzweigungen von 25 Glucoseeinheiten zu erhalten. Der letztere Wert scheint sichtlich überhöht zu sein, denn MEYER (7) weist darauf hin, daß bei analoger Trennungsmethode bis 50% der Amylose als Gemisch im Amylopektin verbleiben, was natürlich zu unrichtigen Resultaten bei der Bestimmung des Verzweigungsgrades führt. Gegenwärtig wird die erwähnte Methode lediglich als einleitendes Trennungsstadium und mit anderen Methoden kombiniert angewandt.

Die zweite, am meisten verbreitete Gruppe der Trennungsmethoden basiert auf der Eigenschaft der Amylose, mit Alkoholen und einigen anderen Stoffen[1] unlösliche Komplexe zu bilden. Auf diesem Wege gelingt es, die Amylose in kristalliner Form auszufällen. Erstmals wurde dieses Verfahren von SCHOCH im Jahre 1941 angewandt (2). Die Stärkelösung wurde einer Erwärmung im Autoklaven bei 109° unterzogen. Bei dieser Temperatur zerfallen die Körner. Die Amylose und das Amylopektin gehen vollständig in Lösung. Danach wurde der noch heißen Stärkelösung (90°) unter intensivem Rühren Butylalkohol oder Isoamylalkohol hinzugefügt, was zur sofortigen Komplexbildung und Ausfällung der Amylose führte. Nach dem Abkühlen und Zentrifugieren wurde die Amylose durch nochmaliges Auflösen in Wasser und Ausfällung durch Alkohol umkristallisiert. Anschließend wurde der Butyl- bzw. Isoamylalkohol aus dem Amylosekomplex durch eine Reihe aufeinanderfolgender Zugaben von Äthylalkohol, Äther und ab-

[1] Näheres über die Komplexe der Amylose vgl. Abschnitt 4.

solutem Äther entfernt. SCHOCH erhielt Amylosekristalle in Rosettenform, KERR (8) solche in Plättchenform.

MEYER (7) empfiehlt ein Verfahren, welches im ersten Stadium der obenerwähnten schonenden Behandlung mit warmem Wasser gleichkommt. Von 50 g Kartoffelstärke ausgehend erhielt er etwa 5 g niedermolekulare Amylose mit einem mittleren Polymerisationsgrad von 70. Das nach der Extraktion verbliebene Gel wurde erneut in Wasser gelöst und der Versuchsmethodik nach SCHOCH unterzogen. Als Fällungsmittel wurde Cyclohexanol verwendet. In diesem zweiten Stadium gelang es, 6 g hochpolymere Amylose (Polymerisationsgrad 780) zu erhalten. Das verbliebene Amylopektin wurde endlich mit Cyclohexanol zwecks Beseitigung von Spuren Amylose. ausgewaschen, mit Methylalkohol ausgefällt und in einer Ausbeute von 36,5 g erhalten.

MEYER bemerkt, daß die Ausfällung der Amylose mit Cyclohexanol nach der von ihm angewandten Modifikation der Methode von SCHOCH leichter durchzuführen ist als ohne Vorbehandlung der Stärke. Das ist verständlich, denn die hochpolymere Amylose bildet mit Cyclohexanol noch weniger lösliche Komplexe als die mit Wasser auswaschbare niedermolekulare Fraktion. Wie schon erwähnt, erhielt HASSID bei Kartoffelamylose einen mittleren Polymerisationsgrad von 300; dieser Wert ist offensichtlich das Resultat einer schlechten Trennung der in der Kettenlänge unterschiedlichen Amylosefraktionen.

Es ist interessant zu bemerken, daß SCHOCH sich selbst über die Ursachen der Amyloseausfällung nach seiner Methode anfangs nicht klar werden konnte. Bei der Untersuchung des Bildungsmechanismus unlöslicher Komplexe wurden neue Möglichkeiten der Stärkefraktionierung auf dieser Grundlage gefunden.

WHISTLER und HILBERT (9) nahmen an, daß sich der Komplex auf Kosten von Wasserstoffbindungen bildet. Sie hielten es deshalb für möglich, die als Fällungsmittel benutzten Alkohole durch beliebige Verbindungen zu ersetzen, die Nitro-, Keto-, Carboxyl-, Mercapto-, Äther- und ähnliche Gruppen, sowie Aminostickstoff enthalten, d. h. über Eigenschaften eines Elektronenakzeptors verfügen.

Die quantitative Ausfällung der Amylose in Form kristalliner Komplexe wurde mit Nitroäthan, 1-Nitropropan und Dinitropropan durchgeführt. Die Ausbeuten waren fast die gleichen wie bei der Ausfällung nach der Methode von SCHOCH.

Beziehungen zwischen Amylose und Nitroparaffin in den Komplexen festzustellen, gelang WHISTLER und HILBERT nicht. Diese Komplexe waren in mit den jeweiligen Fällungsmitteln gesättigtem Wasser stabil und lösten sich bei einer Temperatur von 70—80° auf. Mit destilliertem Wasser ergaben sie schnell eine klare Lösung. Beim Dispergieren in Alkohol zerfiel der Komplex, und die Amylose wurde ausgefällt. Diese konnte durch eine Reihe von Nachwaschungen gereinigt werden.

RUNDLE, dem das Verdienst der endgültigen Klärung des Baues der Amylosekomplexe zukommt, erzielte beim Ausfällen der Amylose mit Fettsäure analoge Resultate (10). Er erhob jedoch Einspruch gegen die von WHISTLER und HILBERT angegebene Komplexbildung indem er annahm, daß im Komplex keine Wasserstoffbrücken vorhanden seien, sondern daß dieser vielmehr eine starre Dipolstruktur besitze. Ihm gelang es festzustellen, daß die Amylose bei der Komplexbildung in eine spiralförmige Konfiguration übergeht, als ob sie das Fällungsmittel (bzw. Jod) „umwickeln" würde. Diese theoretischen Feststellungen sind jedoch strittig. Auf diese Frage wird noch einmal im Abschnitt 4 eingegangen.

Ungeachtet dessen erinnert die spiralförmige Modifikation der Amylose dem Augenschein nach an das globulare Modell der Eiweißstoffe nach TALMUD und BRESSLER (11) in dem Sinne, daß sich die polaren OH-Gruppen der Spirale außen befinden, innen jedoch eine Kohlenwasserstoffzwischenschicht vorhanden ist (ein solches Modell wurde von FREUDENBERG für Jodkomplexe vorgeschlagen). Je kürzer die Amylosekette ist, um so schwieriger ist die Bildung derartiger „globularer" Teilchen (in gleichem Maße folgt dieses aus den Modellen von HILBERT und RUNDLE). Aus diesem Grunde kann auch das Amylopektin mit seinen kurzen (etwa 15 Glieder) äußeren Verzweigungen nicht in eine spiralförmige Konfiguration übergehen. Aus dem gleichen Grunde ergeben die Methode von SCHOCH und die mit ihr im Zusammenhang stehenden anderen Methoden nur unbefriedigende Resultate bei der Ausfällung niedermolekularer Amylosen.

Kombiniert mit einer einleitenden schonenden Heißwasserbehandlung gibt die Methode von SCHOCH außerordentlich reine Fraktionen. Sie ist aber nicht frei von einigen Mängeln. Die hauptsächlichste Unzulänglichkeit liegt in dem langwierigen Arbeitsgang und der langandauernden Behandlung der Stärke unter Druck bei hoher Temperatur, was zu einer teilweisen Hydrolyse führt. Zur Beseitigung dieses Nachteiles schlugen Haworth, Peat und Sargott (12) eine andere Methode vor, die ebenfalls auf der Bildung eines unlöslichen Amylosekomplexes beruht.

Hier besteht die Vorbehandlung in einem halbstündlichen Kochen der Stärke mit nachfolgender Verdünnung der Lösung auf 1—3% und Abkühlung. In die auf diese Weise erhaltene Lösung wird fein zerkleinertes Thymol bis zur vollständigen Sättigung (etwa 0,13%) eingerührt. Die Amylose bildet mit Thymol einen unlöslichen Komplex, dessen Ausfällung nicht weniger als 48 Stunden in Anspruch nehmen soll. Nach der Ausfällung wird das Thymol mit Alkohol entfernt und die Amylose in üblicher Weise durch mehrfaches Waschen gereinigt. Das Amylopektin fällt man aus der Mutterlauge mit Methanol.

Haworth führt die Ausfällung der Amylose auch mittels Cyclohexanol durch. Er tat dies in Fällen, wo es galt, ein reines Amylopektin zu erhalten. Hierbei gelangt ein Teil des Amylopektins zusammen mit der Amylose in den Niederschlag. Gleichzeitig beobachtete Haworth eine interessante fermentative Reaktion: Bei der Einwirkung von Speichel (oder Mineralsäuren) auf die von Amylose befreite Amylopektinlösung in Gegenwart eines Überschusses von Cyclohexanol fiel ein unlöslicher Niederschlag aus, der den Charakter der Amylose zeigte (diese wurde durch den „Blauwert"[1] festgestellt). Haworth deutet diese Reaktion nicht. Wir halten es für wahrscheinlich, daß sich die teilweise Hydrolyse des Amylopektins spontan vollzieht, wobei die freiwerdenden äußeren Verzweigungen mit ungewöhnlich großer Länge oder schwachverzweigte ebenfalls langkettige Dextrine einen stabilen Komplex mit Cyclohexanol bilden. Die Komplexbildung, verbunden mit dem Übergang in starre, spiralförmige Konfigurationen, verhindert eine weitere Hydrolyse. Charakteristisch ist, daß der gebildete Komplex gegenüber der Einwirkung von Fermenten oder Säuren, auch bei Verwendung frischer Präparate, beständig bleibt. Auf diese Frage werden wir im Abschnitt 4 noch einmal zurückkommen.

---

[1] Diese Methode stellt eine Beziehung zwischen der Kettenlänge und der Intensität der Blaufärbung (Blauwert) der Amylose mit Jod fest. Nach den „Blauwerten" kann auch der relative Gehalt an Amylose und Amylopektin in der Stärke beurteilt werden. Näheres hierüber vergleiche S. 44.

Die dritte unseres Erachtens nach günstigste Methode einer Trennung der Stärkekomponenten beruht auf den unterschiedlichen Adsorptionseigenschaften linearer und verzweigter Polymerer. Bei dieser Methode wird das Amylopektin, das über eine große Anzahl von Verzweigungen und Endgruppen verfügt, an der Oberfläche eines Adsorbens festgehalten, während die Amylose leicht ausgewaschen und anschließend in bekannter Weise aus der Lösung ausgefällt werden kann. Diese Methode wurde unlängst von den Mitarbeitern HAWORTHS, nämlich BOURN und PEAT, ausgearbeitet (13). Nach der üblichen Vorbehandlung (zur Zerstörung der Körner) wurde die Stärkelösung mit Aluminiumnitrat vermischt und mit Ammoniak bis zur alkalischen Reaktion versetzt, damit das Amylopektin vom Aluminiumhydroxyd in dem Moment adsorbiert wird, in dem letzteres in Form einer Suspension ausfällt. Diese Suspension wird drei Tage zum „Altern" bei 30° stehengelassen, das Aluminiumhydroxyd mit dem Amylopektin entfernt, die Lösung dialysiert und die Amylose mit Äthylalkohol ausgefällt. Hierbei wird eine Fraktion mit hohem „Blauwert", d. h. mit einem hohem Polymerisationsgrad erhalten. Damit beschließen wir die Besprechungen der Fraktionierungsmethoden und gehen zur Betrachtung der Eigenschaften der einzelnen Fraktionen über.

3. Methoden zur Untersuchung der Struktur von Amylose und Amylopektin

Mit der Untersuchung der chemischen Struktur der Stärke ist die Ermittlung des mittleren Polymerisationsgrades beider Fraktionen sowie die Klärung des Verzweigungsgrades beim Amylopektin verbunden. Einige vorläufige Daten können durch die β-Amylolyse ermittelt werden. Die langen, unverzweigten Ketten der Amylose müssen unter der Wirkung der β-Amylase vollständig bis zur Maltose abgebaut werden, während die Hydrolyse des Amylopektins zur Bildung eines β-Dextrins führt, das einen überaus hochmolekularen Stoff mit einer Vielzahl von Verzweigungen, jedoch mit verkürzten äußeren Verzweigungen darstellt. Dies geht unmittelbar aus dem Wirkungsmechanismus der β-Amylase hervor, die jeweils ein Molekül Maltose vom nichtreduzierenden (d. h. nichtaldehydischen) Kettenende abspaltet. Ihre Tätigkeit wird in der Nachbarschaft einer α-1,6-Bindung gehemmt (Abb. 2).

Wie aus Abb. 2 ersichtlich ist, verbleiben von den äußeren Verzweigungen nur kurze Reste von einem oder zwei Glucosegliedern. Man kann im voraus sagen, daß es sich um eine unverzweigte Fraktion handelt, wenn bei der β-Amylose die theoretische Menge Maltose abgespalten wird (welche durch beliebige Reduktionsmethoden bestimmt werden kann, d. h. die Menge, die einem vollständigen Abbau des Polysaccharids bis zur Maltose entspricht. Wenn jedoch die Hydrolyse nur bis zu 50—60% erfolgt, handelt es sich noch um Amylopektin oder nicht fraktionierte Stärke.

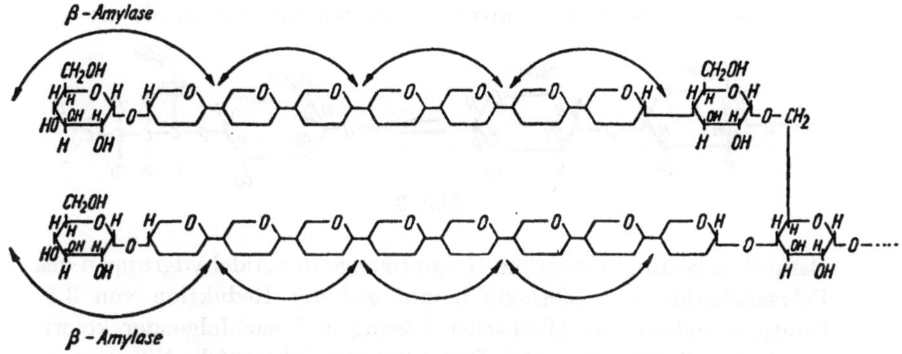

Abb. 2. Schema der Wirkung der β-Amylase auf Amylopektin

Bei der Amylose könnte man auf diese Weise auch einige quantitative Angaben erhalten, denn das Verhältnis der aldehydischen Gruppen vor und nach der Hydrolyse würde den mittleren Polymerisationsgrad (bezogen auf Maltose) ergeben. Die so erhaltenen Daten wären jedoch nicht sehr genau, da es gewöhnlich wegen der Retrogradation (siehe Abschnitt 5) nie gelingt, die Hydrolyse vollständig durchzuführen

In den letzten Jahren hat Meyer mit seinen Mitarbeitern (14, 15) eine allgemeine Methode für die Bestimmung der Polymerisationsgrade und der Molekulargewichte der Stärkefraktionen ausgearbeitet. Ihr liegt die oben erwähnte Idee zugrunde, jedoch unter Berücksichtigung derjenigen Faktoren, die das Resultat entstellen könnten. Im einzelnen wurde eine Reduktionsmethode angewandt, die äußerst geringe Mengen aldehydischer Gruppen zu bestimmen gestattete.

Dadurch wurde eine der Hauptschwierigkeiten beseitigt, die darin bestand, daß die Mehrzahl der alten Reduktionsmethoden ungenaue Resultate ergaben, wenn die Konzentration der aldehydischen Gruppen gering war.

Am Anfang wird eine Konzentrationsbestimmung des Polysaccharids vorgenommen. Hierzu wird es einer vollständigen Hydrolyse mit normaler Salzsäure in Stickstoffstrom bei 100° unterzogen. Anschließend wird die Gesamtmenge der Glucose nach SOMNER bestimmt. Der gefundene Wert ergibt die Gesamtzahl der Kettenglieder, aus denen das Polysaccharid aufgebaut ist (wir bezeichnen sie als C_1).

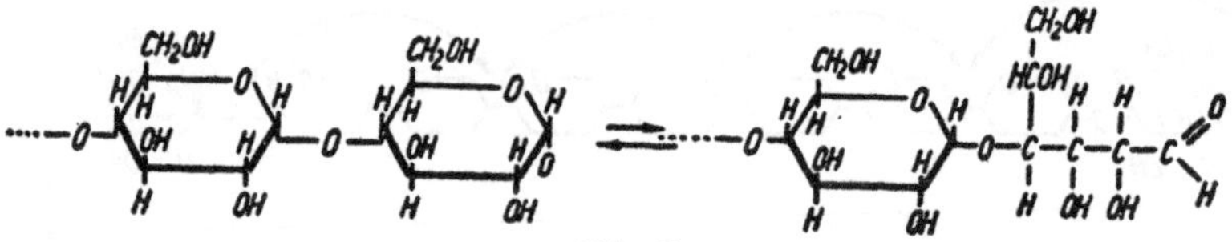

Abb. 3

Daraufhin bestimmt man die Gesamtmenge der Aldehydgruppen des Polysaccharids. Die Methode beruht auf der Reduktion von 3,5-Dinitrosalicylsäure in alkalischer Lösung und nachfolgender kolorimetrischer Bestimmung des Reduktionsproduktes (als Nitroaminosalicylsäure). Visuell ist die Reaktion zu verfolgen durch den Farbumschlag der Dinitrosalicylsäurelösung von orange nach braun. Die Extinktion wird mit dem Pulfrich-Photometer unter Verwendung eines Grünfilters gemessen. Die Zahl der Aldehydgruppen ergibt sich an Hand einer Eichkurve, die auf Maltose berechnet ist. Diese Eichung war durch folgende Überlegung möglich. Das reduzierende Ende der Maltose entspricht den aldehydischen Kettengliedern der Amylose und des Amylopektins. Diese Analogie drückt sich darin aus, daß der Glucoserest mit dem freien ersten Kohlenstoffatom durch eine α-1,4-Bindung mit dem benachbarten Glucoserest verbunden ist. Gleichzeitig erscheint die Glucose als freier Pyranring. Die Reduktionsmethoden beruhen auf dem tautomeren Übergang der Pyranringstruktur in eine lineare, wodurch die Aldehydgruppen frei werden (Abb. 3).

Die Kinetik dieses Überganges unterscheidet sich bei den gebundenen Glucoseresten der Polysaccharidkette von den der über höhere

Energien verfügenden freien Glucose. Die Eichung bei Berechnung auf Maltose kompensiert diesen Unterschied infolge der Analogie des aldehydischen Endes der Maltose, Amylose oder des Amylopektins.

Wenn die Konzentration an Aldehydgruppen mit C_2 bezeichnet wird, so ist der mittlere Polymerisationsgrad $n = 2\frac{C_1}{C_2}$ bezogen auf Glucose.

Die Molekulargewichtswerte, die aus dem so bestimmten mittleren Polymerisationsgrad errechnet wurden, stimmen mit denen osmometrischer und anderer Methoden sehr gut überein.

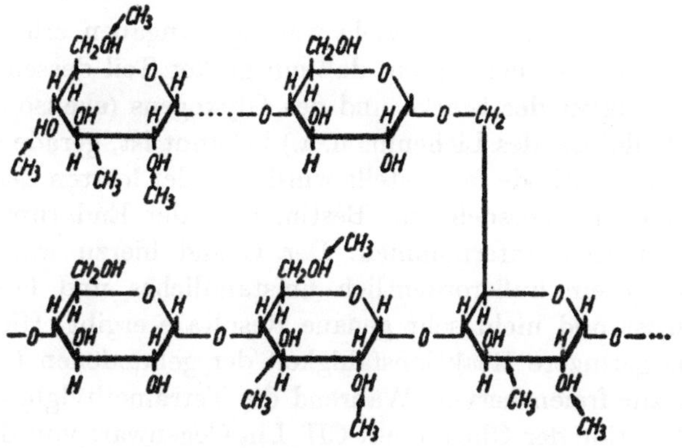

Abb. 4. Ausschnitt des Amylopektinmoleküls in der Nähe eines Verzweigungspunktes

Der mittlere Polymerisationsgrad sagt jedoch noch nichts über die Struktur der verzweigten Moleküle des Amylopektins aus. Lange Zeit hindurch war die auf die unterschiedliche Substitutierbarkeit der Glucoseglieder in Abhängigkeit von ihrer Lagerung im Molekül beruhende Methode der Methylierung der einzige Weg zur Bestimmung der mittleren Länge der linearen Kettenabschnitte des Amylopektins zwischen den einzelnen Verzweigungen. Aus Abb. 4 geht hervor, daß die nichtreduzierenden Endglieder vier freie Hydroxyle enthalten und demgemäß 2-, 3-, 4-, 6-Tetramethylmethylglucosid, die Zwischenglieder entsprechend 2-, 3-, 6-Trimethylmethylglucosid und die Glieder an den Verzweigungen 2-, 3-Dimethylmethylglucosid bilden, können. Das aldehydische Ende ergibt ebenso wie die Zwischenglieder

2-, 3-, 6-Trimethylmethylglucosid. Wenn anschließend das methylierte Polysaccharid der Totalhydrolyse unterworfen wird, kann aus dem Verhältnis der erhaltenen Tetra- und Trimethylglucose die mittlere Kettenlänge zwischen den Verzweigungen festgestellt werden (sie wird durch die Menge an Trimethylglucose, die auf ein Molekül Tetramethylglucose entfällt, ausgedrückt). Dieses Verhältnis ergibt ebenso den Prozentsatz der Endglieder. Ist das Molekulargewicht des Amylopektins bekannt, so kann nach diesem Prozentwert die Durchschnittsanzahl der Verzweigungen in einem Molekül bestimmt werden.

Auf diese Weise hat man viele wichtige Angaben erhalten. Man kann ohne weiteres behaupten, daß ein großer Teil dessen, was uns über die Struktur der Stärke und des Glykogens (ebenso der ihnen analogen Cellulose, des Lichenins u. a.) bekannt ist, gerade durch die Methylierungsmethode festgestellt wurde. In der letzten Zeit wurden auch erfolgreiche Versuche zur Bestimmung der Endgruppen durch andere Verfahren unternommen. Der Grund hierzu war, daß die Methylierung ein außerordentlich umständliches und langwieriges Verfahren ist und nicht sehr genaue Resultate ergibt. Hierbei tritt erneut die geringere Reaktionsfähigkeit der gebundenen Glucose im Vergleich zur freien hervor. Während die Tetramethylglucose durch direkte Reaktion der Glucose mit CH_3J in Gegenwart von Silberoxyd erhalten werden kann, gelingt es bei Stärke beim gleichen Verfahren nur zwei Methylgruppen in jeden Glucoserest einzuführen. Andere Methylierungsverfahren erfordern eine vielfache Wiederholung (bis 24 mal!) ein und derselben Reaktion. Bessere Arbeitsverfahren (Freudenberg) (16) bedingen immerhin noch sechs aufeinanderfolgende Methylierungsprozesse. Im Verlaufe einer solchen langandauernden Behandlung sind teilweise Verluste durch Hydrolyse durchaus möglich (dies wird auch von den Autoren der Methoden anerkannt).

Auch die Methoden der sogenannten erschöpfenden Methylierung garantieren keineswegs, daß diese tatsächlich bis zum Endpunkt verläuft und daß das Auftreten überzähliger Di- und Trimethylmethylglucoside infolge einer unvollständigen Substitution der Hydroxyle die erhaltenen Resultate nicht entstellen. Außerdem ist die Analytik des Methylglucosidgemisches äußerst unbequem und mit einer fraktionierten Destillation verbunden.

Einige britische Autoren schlugen in den letzten Jahren eine Reihe verbesserter Verfahren zur Methylierung und zur Trennung der Methylglucoside vor, jedoch sind diese Verfahren so kompliziert und langwierig, daß sie kaum als eine gelungene Verbesserung bezeichnet werden können.

Im Jahre 1948 wurden von einigen Autoren unvergleichlich einfacherere Methoden zur Endgruppenbestimmung ausgearbeitet, denen die Oxydation der Polysaccharide mit Salzen der Überjodsäure ($NaJO_4$ oder KJO_4) zugrunde liegt.

Unter der Einwirkung von Überjodsäure (Abb. 5) öffnet sich am nichtaldehydischen Kettenende der Pyranring zwischen dem zweiten und dritten Kohlenstoffatom unter Bildung von Ameisensäure, die

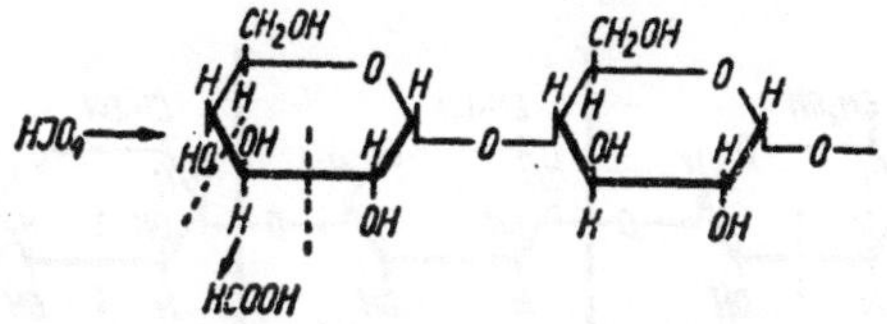

Abb. 5. Oxydation des nichtreduzierenden Endgliedes der Amylose oder des Amylopektins mit Perjodsäure

durch Titration bestimmt werden kann. Bei der Oxydation der Zwischenglieder erfolgt keine Ringspaltung, wobei natürlich auch keine Ameisensäure auftreten kann. Dieser Umstand ermöglicht die Bestimmung der Endgruppen, die der gebildeten Ameisensäure entsprechen.

Im Prinzip müßte diese Methode bessere Resultate als die Methylierung ergeben. Die Ausarbeitung eines Standardverfahrens stößt jedoch auf einige Schwierigkeiten. Die Ursache derselben ist der anomale Anfall von Ameisensäure infolge Oxydation der aldehydischen Endgruppen. Wie nachstehend ersichtlich, beschränkt sich die Wirkung der Überjodsäure unter vorliegenden Bedingungen nicht nur auf die in der Abb. 5 angeführten einfachen Reaktionen. Der Oxydationsprozeß ergreift vielmehr auch die Aldehydegruppe, was zu einer zusätzlichen Bildung von HCOOH führt. Dieses wirkt sich auf die Anwendbarkeit der Methode bei Amylopektin nicht stark aus (da auf ein aldehydisches Ende einige zehn nicht aldehydische fallen, vgl.

Abb. 1), es macht diese Methode jedoch zur Untersuchung der Amylose unbrauchbar. Zur Beseitigung dieser Schwierigkeiten galt es, die Oxydation der reduzierenden Glieder genauer zu untersuchen und quantitative Beziehungen zwischen der Ausbeute an Ameisensäure und der Zahl der aldehydischen Enden zu ermitteln. Den britischen Autoren (18) gelang dies nicht, und die Anwendung der Methode bei der Amylose ergab sichtlich falsche Resultate. Außerdem war die von ihnen vorgeschlagene Arbeitsweise höchst unpraktisch, sogar bei Anwendung bei Amylopektin, da die Oxydation mit dem schwerlöslichen KJO_4 mitunter zwei Wochen dauerte.

Hassid und Potter (19) gingen davon aus, daß die Amylose ein Homologes der Maltose (Abb. 6) darstellt und deshalb der Oxydations-

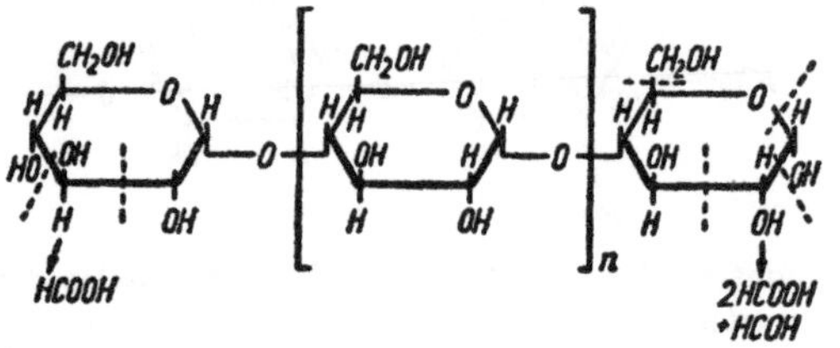

Abb. 6. Oxydation der Amylose mit Perjodat nach Hassid

mechanismus der Endglieder der Amylose und der Maltose der gleiche sein muß.

Die durchgeführten Untersuchungen bestätigten diese Annahme (Abb. 7). Die Kinetik der Oxydation der Maltose und der Amylose ist identisch und unterscheidet sich von der Kinetik der Oxydation des Amylopektins.

Im ersten Stadium der Reaktion findet eine schnelle Bildung von HCOOH statt, die sich nachher ständig verlangsamt. Beim Amylopektin erlangt die Konzentration der gebildeten Ameisensäure einen gewissen Höchstwert, wonach die Reaktion zum Stillstand kommt. Im Gegensatz hierzu zeigt die Reaktionskurve bei der Oxydation der Maltose und der Amylose einen Umkehrpunkt, nach dem erneut ein schnelles Ansteigen der HCOOH-Menge beginnt. Dies weist auf den Anfang irgendeiner neuen Reaktion hin. Ohne sie eingehend zu untersuchen, legten Hassid und Potter ein empirisches Schema (Abb. 6) vor. Im ersten Stadium vollzieht sich die Oxydation des dritten C-Atoms vom nichtreduzierenden, sowie des ersten und zweiten C-Atoms vom reduzierenden Molekülende unter Bildung von drei Molekülen

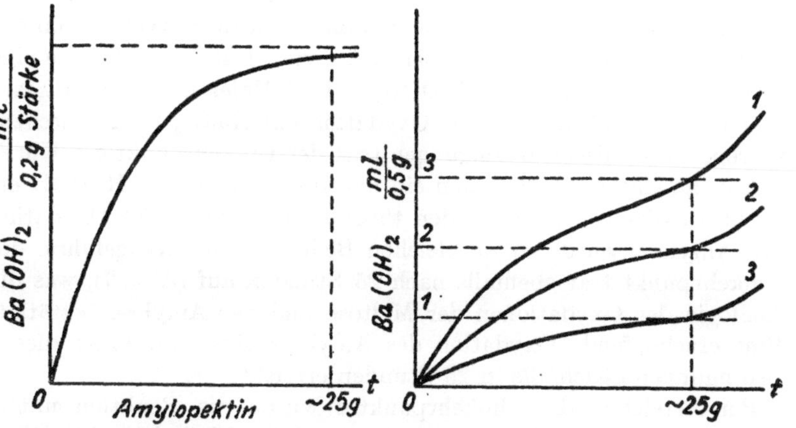

Abb. 7. Oxydation des Amylopektins und der Amylose mit Natriumperjodat unter Standardbedingungen:
1 = Maltose; 2 = Sagoamylose; 3. = Kartoffelamylose

Ameisensäure. Zugleich spaltet sich das sechste Kohlenstoffatom ab und am dritten und fünften C-Atom bilden sich Aldehydgruppen.

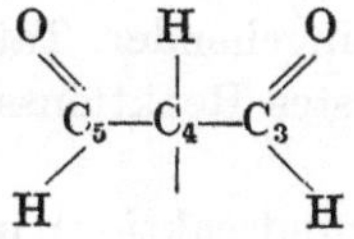

Der aktive Wasserstoff am C-Atom 4 oxydiert sich unter Bildung von Hydroxyl:

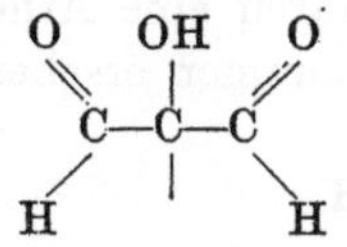

Diese Gruppierung neigt zur weiteren Oxydation mit Perjodat unter Bildung von HCOOH.

Demnach ergeben nach Hassid im ersten Stadium der Reaktion je ein Molekül Maltose oder Amylose drei Moleküle HCOOH. Anschließend beginnt eine neue Reaktion, die durch einen Umkehrpunkt der Kurve gekennzeichnet ist und zum anomalen Anfall von HCOOH führt. Daher müßten einheitliche Bedingungen für die Oxydation der Maltose gefunden werden können, bei denen 1 Molekül Maltose eine theoretische Ausbeute an HCOOH, d. h. 3 Moleküle ergibt. Hassid und Potter schlagen vor, die Oxydation mit $NaJO_4$ bei 2° durchzuführen. Unter diesen Bedingungen tritt der Umkehrpunkt der Kurve erst in annähernd 25 Stunden ein und die Ausbeute an HCOOH erreicht zu dieser Zeit genau den theoretischen Wert. Die Oxydation der Amylose wurde unter gleichen Bedingungen durchgeführt; der Umkehrpunkt trat ebenfalls nach 25 Stunden auf (Abb. 7), was die Analogie der Oxydationen der Maltose und der Amylose bestätigt. Eine erschöpfende Oxydation des Amylopektins wird unter diesen Bedingungen gleichfalls in 25 Stunden erreicht.

Bei Erreichen des Umkehrpunktes wurde die Reaktion unterbrochen, und die HCOOH mit 0,01 n-$Ba(OH)_2$ (Methylrot als Indikator) titriert. Bei Amylosen verschiedener Herkunft wurden auf diesem Wege mittlere Polymerisationsgrade von 420 bis 980 (bei Kartoffelamylose) und bei Amylopektin mittlere Kettenlängen von 22 bis 25 Gliedern festgestellt. Die letzten Ziffern scheinen uns jedoch etwas überhöht zu sein.

Meyer und Rathgeb (20) untersuchten die Oxydation der reduzierenden Endglieder viel eingehender. Tatsächlich untergliedert sich das, was Hassid für ein erstes Reaktionsstadium ansah, in drei Abschnitte (Abb. 8).

Der erste Abschnitt (Grundreaktion) umfaßt die Sprengung des Pyranringes und die Bildung von Ameisensäure am zweiten C-Atom. Nach der Ringsprengung und dem Verlust des zweiten C-Atomes bleibt das erste C-Atom durch eine Ätherbrücke mit dem fünften verbunden. Im Grunde genommen erscheint diese Konfiguration als ein Ameisensäureester:

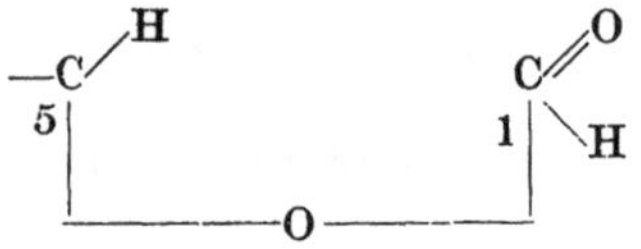

Im zweiten Abschnitt der Reaktion erfolgt die Verseifung dieses Esters, die zur Bildung des zweiten Moleküls HCOOH führt. Der weitere Verlauf der Reaktion stimmt mit dem Schema von Hassid überein: Das sechste Atom wird unter Bildung von Formaldehyd abgespalten und am Rest des Pyranringes bilden sich Aldehydgruppen und aktiver Wasserstoff. Die Oxydation dieser Gruppierung führt zur Bildung überschüssiger Ameisensäure.

Meyer gelang es nachzuweisen, daß der zweite Reaktionsabschnitt nicht unbedingt vorliegen muß und daß der Gesamtprozeß auf die

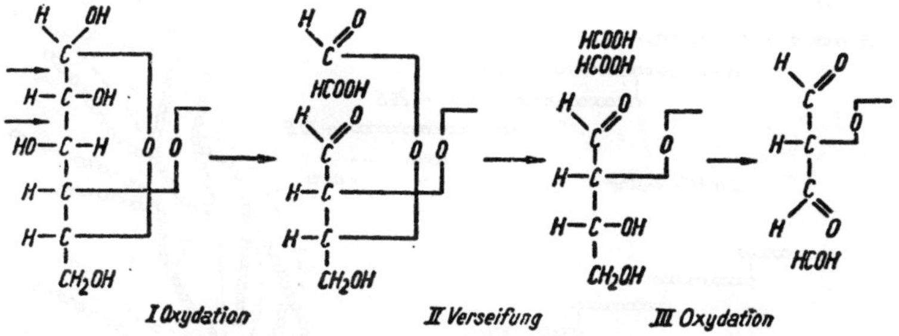

Abb. 8. Oxydation des reduzierenden Endgliedes I = Oxydation; II = Verseifung; III = Oxydation

Oxydation unter Bildung eines Ameisensäuremoleküls beschränkt werden kann. Hierzu ist die Reaktion der Verseifung des Äthers am fünften C-Atom zu unterbinden. Es ist bekannt, daß Essigsäuremethylester CH_3COOCH_3 bei Gegenwart von OH-Ionen 1400mal schneller verseift wird als bei Vorliegen einer gleichen Konzentration an H-Ionen[1]. Deshalb wird die minimale Verseifungsgeschwindigkeit dieses Esters nicht in neutraler Lösung erreicht, sondern bei $p_H = 5{,}4$, wenn die Konzentration der Wasserstoffionen diejenigen der Hydroxylionen 1400mal übersteigt. Meyer zeigte, daß die Verseifung des Ameisensäuremethylesters $HCOOCH_3$ bei $p_H = 5{,}4$ ebenfalls mit minimaler Geschwindigkeit erfolgt. In reinem Wasser bei 0° wird dieser Ester recht schnell verseift, die Reaktionsgeschwindigkeit wird jedoch zwischen den p_H-Werten = 5,8 und 4,2 außerordentlich gering.

[1] Wijs, Z. phys. Chem. 1893, 12, 514 (Zitat nach Meyer).

Bei p_H-Werten unter 4,2 erhöht sich die Geschwindigkeit erneut infolge der durch Säurebildung hervorgerufenen Autokatalyse.

Um die Verseifung der Zwischenprodukte bei der Oxydation der Maltose und Amylose zu vermeiden, ist es notwendig, den p_H-Wert zwischen 5,8 und 4,2 zu halten und die Oxydation bei 0° vorzunehmen. Den erwähnten p_H-Wert beizubehalten, ist auch deshalb wichtig, weil bei p_H-Werten unter 4 die Ameisensäure durch Perjodat ebenfalls langsam oxydiert wird.

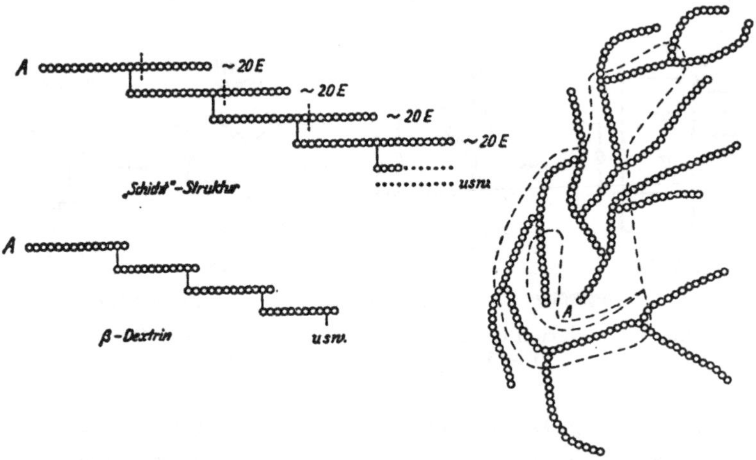

Abb. 9. Modelle des Amylopektins nach HAWORTH und MEYER: O = Glucoserest; A = aldehydisches Ende. Mit der Punktierung ist die Wirkungsgrenze der β-Amylase kenntlich gemacht

Hierdurch werden auch die Standardbedingungen nach MEYER bestimmt. Die Oxydation selbst wird mit 0,25 n-$NaJO_4$, die Titration mit 0,01 n-NaOH und unter Anwendung von Phenolrot als Indikator durchgeführt. Bei dieser Oxydationsmethode werden auf 1 Mol Amylose 2 Mol HCOOH gebildet. Die Kinetik der Reaktion ist bei Amylose und Amylopektin völlig analog. Das ist verständlich, da die reduzierenden und die nichtreduzierenden Glieder unter Bildung je eines Moleküls Ameisensäure gleichmäßig oxydiert werden. Eine totale Oxydation wird unter diesen Bedingungen erst in ungefähr 100 Stunden erreicht.

In Kombination mit der Methode von MEYER zur Bestimmung des Polymerisationsgrades ermöglichen es die Methoden der Perjodatoxydation die Zahl und das Ausmaß der Verzweigungen im Amylopektin oder Glykogen genau zu errechnen. Die Anzahl der Abzweigungen muß offensichtlich mit der Anzahl der Endgruppen übereinstimmen. Die mittlere Verzweigungslänge wird durch Division des mittleren Polymerisationsgrades durch die Zahl der Verzweigungen erhalten. Der Charakter der Verzweigungen und ihre Anordnung kann durch die genannten Methoden jedoch nicht bestimmt werden. HAWORTH legte ein „geschichtetes" (laminated) Strukturmodell des Amylopektins vor (Abb. 9), während MEYER ein mehr verzweigtes vorschlug. Nach dem Schema von HAWORTH ist eines der inneren Glieder der ersten Kette durch α-1,6-Bindung mit dem ersten Glied der zweiten Kette verbunden, die zweite Kette auf die gleiche Art mit der dritten Kette usw. Die mittlere Kettenlänge beträgt 20 bis 25 Glucoseglieder. Das Schema von MEYER hingegen zeigt das Amylopektin als Analogon zum Glykogen. Die Verzweigungen folgen ziemlich unregelmäßig, es wird nur darauf Wert gelegt, daß der mittlere Abstand zwischen den Verzweigungen 10 Glieder beträgt. Aus diesem Anlaß entstand zwischen HAWORTH und MEYER eine recht heftige Diskussion (21). Uns will scheinen, daß das vorhandene Untersuchungsmaterial das Modell von MEYER, aber nicht das von HAWORTH bestätigt. Als MEYER das β-Dextrin des Amylopektins nach seinem und dem Schema von HAWORTH betrachtete, wies er darauf hin, daß das β-Dextrin im „schichtartigen" Modell seinem Verhalten nach ein lineares Polymeres darstellt und sich analog der Amylose verhalten müsse, während nach seinem Modell das β-Dextrin seinen stark verzweigten Bau bewahrt. MEYER versuchte, beim Einengen einer Lösung von acetyliertem α-Dextrin ein Häutchen zu erhalten (die Amylose bildet ähnlich der Cellulose unter gleichen Bedingungen ein stabiles Häutchen), es gelang ihm jedoch nicht. Das β-Dextrin verhielt sich wie Acetylglykogen, obwohl doch nach dem Schema von HAWORTH ein Häutchen erwartet werden konnte. Diese Ausführungen von MEYER kritisierend, stellt HAWORTH diesen jedoch nichts Wesentliches entgegen. Uns scheint, daß spätere Untersuchungen über die Orientierung der Amylose und des Amylopektins beim Strömen (siehe unten), das „geschichtete" Modell endgültig widerlegen: Nach HAWORTH müßte sich das β-Dextrin in strömendem Medium wie die Amylose verhalten, was aber tatsächlich nicht beobachtet wird. In gleichem Maße war vom β-Dextrin von HAWORTH ein Übergang in eine spiralförmige Konfiguration mit entsprechender Jodreaktion zu erwarten, was gleichfalls nicht beobachtet werden konnte.

PACSU und HILLER (22) legten im Jahre 1943 ein prinzipiell anderes Modell des Amylopektins vor, wonach das Amylopektin aus Amyloseketten besteht, die durch Brücken offener Glucosemoleküle (nicht durch Pyranringe) miteinander verbunden sind. PACSU und HILLER fanden gleichfalls das Ausfallen eines amyloseähnlichen Komplexes bei der Einwirkung von Speichel auf das von Amylose gereinigte Amylopektin bei Gegenwart eines Cyclohexanolüberschusses, was nachher auch von HAWORTH beobachtet wurde. Sie hielten dies für eine Bestätigung ihrer Hypothese und erklärten das Freiwerden der Amylose mit einer hydrolytischen Spaltung der Brücken. Diese Hypothese wird gegenwärtig als nicht stichhaltig angesehen.

Zum Schluß sind die „Alkalizahlen" („alkalinumbers" bzw. „alkali labile values") (23) zu erwähnen, die von SCHOCH zur Anwendung vorgeschlagen wurden. Die Alkalizahlen stellen ein weiteres Verfahren zur Bestimmung der freien Aldehydgruppen dar. Es ist eine Verminderung der Alkalität, die durch die Stärke und ihre Bestandteile in stark alkalischem Milieu bei dauernder Erwärmung hervorgerufen wird. Der Mechanismus der hierbei vor sich gehenden Reaktion wurde von KERR untersucht. An einer Reihe von Zuckerarten (Glucose, Lactose, Maltose) und bei Stärke zeigte KERR, daß im alkalischen Medium beim Aldehydkohlenstoffatom die Bildung eines Anions anzunehmen ist. Solche Anionen neutralisieren, ähnlich den gewöhnlichen Säuren, das Alkali. Dieser in relativen Zahlen ausgedrückte Grad der Neutralisation stellt die „Alkalizahl" der gegebenen Stärkesorte dar.

Es besteht kein Zweifel, daß der auf diese Weise bestimmte Index von der Zahl der freien Aldehydgruppen abhängt und zur vorläufigen Unterscheidung nieder- oder hochpolymerer Amylosefraktionen dienen kann. Es ist aber bis jetzt niemandem gelungen, ein einfaches Zahlenverhältnis zwischen der „Alkalizahl" und dem Prozentgehalt an freien Aldehydgruppen zu ermitteln. Soweit uns bekannt ist, wendet gegenwärtig außer SCHOCH selbst und seinen Mitarbeitern niemand die Alkalizahl an. In seiner letzten Arbeit (23),die der Subfraktionierung der Amylose galt, versuchte SCHOCH eine Gegenüberstellung der Alkalizahlen mit den Reduktionswerten. Es gelang ihm jedoch nicht, zu einem gesetzmäßigen Zusammenhang zu kommen.

Mit den in diesem Kapitel beschriebenen Methoden wurde die Kettenform der Amylose mit Polymerisationsgraden von 60 bis 1000 und sogar noch höher, sowie die stark verzweigte Struktur des Amylopektins mit Polymerisationsgraden von über 1000 und im Durchschnitt mit 50 Abzweigungen in einem Molekül mit Sicherheit festgestellt.

4. Die Komplexe der Stärke mit Jod und einigen organischen Verbindungen

A. Ein kurzer historischer Rückblick auf dieses Problem

In der erwähnten Übersicht von B. N. STEPANENKO (5), betreffend die Entwicklung der neuzeitlichen Anschauungen über die Natur der Jodstärkekomplexe, ist diese Frage eingehend behandelt worden. Wir wollen uns deshalb darauf beschränken, nur die grundlegenden Entwicklungsabschnitte dieser Vorstellungen zu beleuchten.

Die Frage nach dem Charakter der Verbindungen von Jod mit Polysacchariden blieb lange Zeit ungeklärt. Die Viskosität der Jodstärkelösungen in Abhängigkeit von der in der Lösung vorhandenen Gesamtjodmenge untersuchend, erbrachte der sowjetische Chemiker Ss. W. NEDSWEZKI erst 1934 den Beweis, daß im ersten Abschnitt der Bildung einer gefärbten Verbindung des Jod mit Stärke eine echte chemische Reaktion stattfindet. Im zweiten Stadium wird diese Reaktion von einer Adsorption abgelöst. Bedauerlicherweise konnte NEDSWEZKI seine Ergebnisse nicht exakt deuten, da im Jahre 1934 äußerst verwickelte Vorstellungen von PRINGSHEIM und anderen über die Struktur der Stärke umliefen[1].

In den Jahren 1936 bis 1939 wurden eine Reihe von Hypothesen über die spiralförmige Konfiguration der Stärke mit einer Spiralenperiode von 6 Glucoseeinheiten vorgeschlagen. Für diesen Vorschlag sprach erstens das Auftreten des V-Röntgenogramms, welches eine

[1] Siehe z. B. TOLLENS-ELSNER, Kurzes Handbuch über die Chemie der Kohlehydrate, ONTI, 1938, L.-M., S. 616 u. weiter.

spiralförmige Lagerung der Ketten zuließ, und zweitens der eigenartige Hydrolyseverlauf der Stärke bei Anwendung von bakterieller Amylase (Bacillus macerans), die zur Bildung der *Schardinger*-Dextrine, nämlich 6,- 7- und 8-gliedriger Cycloamylose führte. Diese Hydrolyse kann als hydrolytische Spaltung der Spirale mit zusätzlicher Schließung der Kette zwischen dem ersten und sechsten Glucosering, die eine Windung bilden, betrachtet werden (der Bildungsmechanismus einer 7- und 8-gliedrigen Cycloamylose ist analog). Es wurde festgestellt, daß die Cycloamylosen ebenso Jodkomplexe bilden können wie die kurzen Dextrine (mit einem Polymerisationsgrad < 20) der gewöhnlichen Amylose.

Die Bildung der gefärbten Jodstärkeverbindung erklärt FREUDENBERG (25) mit dem Eindringen des Jods in das Spiraleninnere und seiner nachfolgenden Auflösung in der Kohlenwasserstoffzwischenschicht (vgl. S. 14). Bekanntlich ist das Jod in Kohlenwasserstofflösungen gewöhnlich lilafarben. Da jedoch die molekulare Extinktion und das Absorptionsmaximum der Jodstärke grundverschieden von denen der Lösungen des Jods in Kohlenwasserstoffen sind, kann die Annahme FREUDENBERGS nicht als richtig angesehen werden.

Nichtsdestoweniger wiesen RUNDLE und Mitarbeiter (10, 26) auf Grund langjähriger Untersuchungen (1943 bis 1946) exakt nach, daß dem Entstehen der Amylosekomplexe die Bildung einer Spirale zugrunde liegt, in Richtung deren Achse sich Jod, Alkohole, Fettsäuren und andere Fällungsmittel anlagern. Besonders sorgfältig wurde die Bildung der Jodkomplexe untersucht. Nachstehende wichtigsten Tatsachengruppen zeigen, daß bei Jodkomplexbildung an sich eine rein chemische Reaktion und nicht die Bildung einer Jodlösung in der Kohlenwasserstoffzwischenschicht vorliegt.

1. Bei der potentiometrischen und absorptiometrischen Titration der Amyloselösungen erhielt RUNDLE Kurven, die dem Charakter nach an die Versuchsresultate NEDSWEZKIS erinnerten. Beispielsweise wuchs bei der absorptiometrischen Titration die Intensität der Blaufärbung anfangs stark an (es wurde der Logarithmus der Lichtdurchlässigkeit gemessen), und zwar bis zu einer gewissen Sättigung und steigerte sich dann stetig wie beim Amylopektin. Die potentiometrische Titration ergab ein bestimmtes Beständigkeitsgebiet der EMK. Nach Überschreiten des kritischen Punktes, d. h. nach Erreichen eines be-

stimmten Verhältnisses zwischen Amylose und Jod begann die EMK gleichmäßig anzuwachsen. Dieser Vorgang kann mit der Sättigung des Komplexes, der sich die Adsorption des Jods anschließt, erklärt werden.

2. Unmittelbare röntgenographische Untersuchungen ergaben beim Jodkomplex der nach SCHOCH ausgefällten Amylose (in der V-Modifikation) einen Spiralendurchmesser von 12,97 Å bei einem Abstand von 7,91 Å. Innerhalb einer solchen Spirale kann ein Molekül Jod von 6,3 Å Länge Platz finden.

RUNDLE und FRENCH beließen ein trockenes, kristallines Amylosepräparat in Joddämpfen. Während trockene Stärke in der A- und B-Modifikation Joddämpfe nicht adsorbiert, wird hier ein intensiv gefärbter Komplex erhalten, wobei die Sättigung an Jod 26% vom Gewicht der Amylose betrug. Daraus ergibt sich genau ein Molekül Jod auf sechs Glucoseglieder, d. h. auf eine Windung.

Bei einem anderen Versuch beobachteten RUNDLE und BOLDUIN die Verminderung der Aktivität des Jods bei Vergrößerung der KJ-Konzentration während der potentiometrischen Titration. Das ist damit zu erklären, daß sich hierbei das J_3-Ion bildet, das in einer Windung keinen Platz findet.

3. Bei Gegenwart fertiger Spiralen (man kann sie durch Entfernen des Butanols mit Äthanol und Äther erhalten, wobei die spiralförmige Konfiguration erhalten bleibt) führt die Anlagerung von Jod oder eines anderen Komplexbildners zu einer Zusammenpressung. Die leeren Spiralen der Amylose haben einen Durchmesser von 13,7 Å und einen Abstand von 8 Å. Durch das Eindringen des Jods in das Innere der Spirale wird ihr Durchmesser um 0,73 Å und ihr Abstand um 0,09 Å verkürzt. Analog erwies sich der Abstand der Spiralen im Butanolkomplex gleichfalls als verkürzt (7,8 Å).

4. In einer anderen Versuchsserie, die, nebenbei gesagt, unrichtig kommentiert war (siehe Teil B dieses Abschnittes), zeigte RUNDLE, daß das Jod aus nicht vollständig gefüllten Spiralen leicht heraustritt, in gesättigten Spiralen dagegen festgehalten wird. Dies ließ sich durch einen einfachen Versuch zeigen: Zur Amylose wurde die Hälfte des zur Sättigung erforderlichen Jods hinzugefügt; nach der Komplexbildung und Ausfällung zeigte sich, daß die gesamte hinzugefügte Jodmenge an der einen Hälfte der Amylose gebunden war, während die andere in Lösung blieb.

Bei der potentiometrischen Titration eines Gemischs aus kurzkettiger und langkettiger Amylose füllten sich zuerst die langen Spiralen vollständig und erst dann begannen sich die noch leeren kurzen Spiralen zu füllen. Hierauf wies der stufenartige Charakter der Titrationskurve hin. RUNDLE hielt diesen Umstand für den Beweis einer Dipolstruktur der Komplexe. Uns scheint, daß die Versuche einfach auf das Vorliegen bestimmter stöchiometrischer Verhältnisse zwischen den Jod- und Amylosemengen, die für die Bildung eines stabilen Komplexes erforderlich sind, hinweisen. Zu dieser Frage kehren wir später noch zurück.

B. Die Bedeutung der Stärke-Röntgenogramme

Wir sahen, daß die grundlegenden Beweise für die spiralförmige Konfiguration der Amylose in den Komplexen mit der Untersuchung der Röntgenogramme verbunden sind. Es ist natürlich, daß die Frage, ob die Deutung und Analyse dieser Röntgenogramme als zuverlässig anzusehen ist, aufgeworfen wird. Es steht fest, daß bisher niemand kristalline Stärke erhalten hat und wahrscheinlich auch nicht erhalten wird. Eine Diskussion über eine Kristallstruktur der Stärke kann auf den ersten Blick als gegenstandslos bezeichnet werden.

Es ist jedoch bekannt, daß eine Reihe von Stoffen, die selbst bei der Betrachtung durch das Mikroskop keine Kristallstruktur aufweisen, die Existenz einer submikroskopischen kristallinen Struktur zeigen, die am Auftreten von Debye-Ringen in Pulver-Röntgenogrammen erkennbar wird[1]. Zu diesen Stoffen gehört auch die Stärke.

KATZ (4) untersuchte im Laufe vieler Jahre die Stärkeröntgenogramme. Es war jedoch nicht möglich, auf Grund dieser Untersuchungsergebnisse irgendwelche konkreten Folgerungen über die Struktur der Stärke zu ziehen. KATZ erhielt sehr undeutliche Röntgenogramme mit einer nur geringen Anzahl von Debye-Ringen (nicht mehr als sieben). Daraus ergab sich eine sehr geringe Anzahl von Ordnungen (d. h. vom Vorhandensein eines Kristallgitters kann im Bereich einiger Moleküle gesprochen werden, was aber nicht als Beweis einer wirklichen Kristallstruktur dienen kann). Diese Röntgeno-

---

[1] Siehe z. B. GLOCKER „Die Röntgenstrahlen und die Prüfung von Stoffen" GTTI, 1932, S. 163.

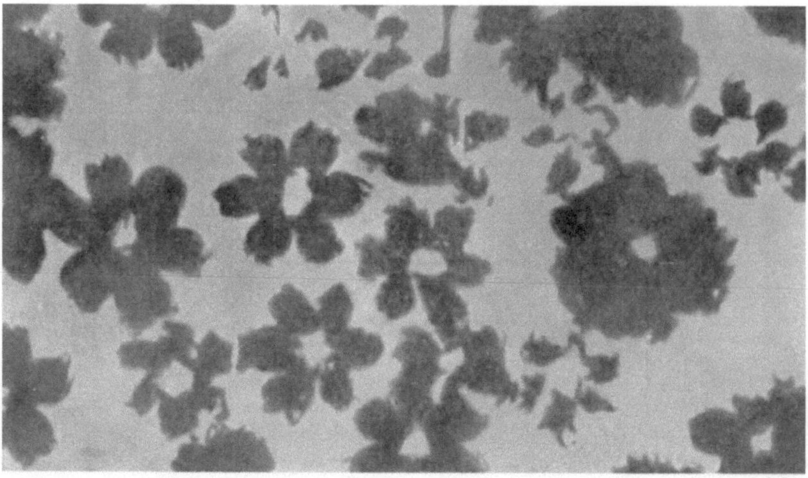

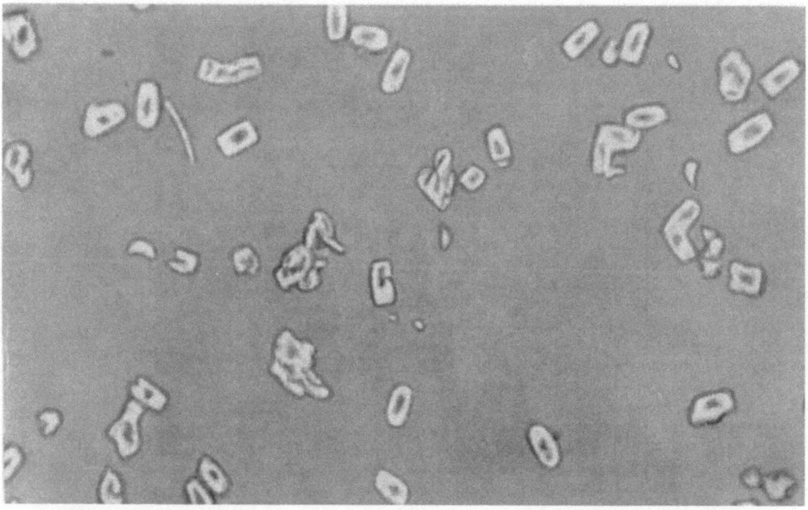

Abb. 10. Die zur deutlicheren Sichtbarkeit mit Jod gefärbte Amylose von SCHOCH (Rosetten) und die kristalline Amylose von KERR

gramme waren außerdem nur von geringer Genauigkeit. Das einzige, was KATZ erreichte, war die Möglichkeit einer empirischen Klassifikation der Stärken verschiedener Herkunft nach ihren Röntgenogrammen (der A-, B-, C- und V-Modifikation).

FREY-WYSSLING (1940) und BEAR (27) kamen unter Anwendung bedeutend vollkommenerer Methoden zu dem Schluß, daß in den A- und B-Modifikationen, die für granulierte bzw. retrogradierte Stärke charakteristisch sind, die Ketten linear gelagert sind, während die V-Modifikation eine spiralförmige Lagerung der Ketten zuläßt. BEAR ging von drei oder vier sehr intensiven Röntgenbeugungsmaxima bei einer Reihe von Untersuchungsproben aus, die durch Äthanolfällung unfraktionierter Stärke erhalten wurden. Die Möglichkeit der spiralförmigen Konfiguration beurteilend, wies er gleichzeitig darauf hin, daß seine Diagramme für einen unzweifelhaften Nachweis des Vorhandenseins einer kristallinen Struktur immer noch unzureichend seien.

Andererseits zeigte BEAR im Verlauf dieser Arbeiten einen gewissen Zusammenhang zwischen der V-Modifikation und den Jodkomplexen der Stärke auf. Er stellte fest, daß im trocknen Zustande nur die V-Modifikation eine blaue Färbung mit Joddämpfen ergibt. In granulierter Stärke reagiert auf Jod nur der Teil von ihr, der in die V-Modifikation übergehen kann. In den A- und B-Modifikationen nimmt die Stärke durch Jod eine blaßbraune Farbe an.

Das Röntgenogramm der Jodstärke erwies sich der V-Modifikation als sehr ähnlich. Nach den Arbeiten von SCHOCH wies BEAR darauf hin, daß das trockene, mit Butanol ausgefällte Amylosepräparat gleichfalls Röntgenbeugungsdiagramme des V-Typus ergibt.

Dieser letztere Umstand ist besonders wichtig. Er weist darauf hin, daß die V-Diagramme *ausschließlich* von der Amylose herrühren (nachher wurde tatsächlich bewiesen, daß das Amylopektin kein V-Diagramm gibt). Die V-Diagramme der Amylose waren erheblich intensiver als die V-Diagramme der unfraktionierten Stärke. Man kann deshalb annehmen, daß die Verzweigungen in der Stärke der Bildung einer echten kristallinen Struktur hinderlich sind. Als endgültig gelöst konnte diese Frage aber erst gelten, nachdem es SCHOCH und KERR gelungen war, durch Butanolausfällung echte Kristalle zu erhalten (Abb. 10).

Diese Kristalle wurden durch Jod blau gefärbt und zerfielen bei der Entfernung des Butanols nicht. Auf Grund der Untersuchung des Dichroismus dieser mit Jod gefärbten Kristalle zog RUNDLE die Folgerung, daß die Jodmoleküle längs der Achse der spiralförmig gewundenen Ketten gelagert sind. (Näheres siehe in der Übersicht von B. N. STEPANENKO.) An diesen Kristallen unternahm RUNDLE den direkten Nachweis der spiralförmigen Konfiguration der in V-Modifikation vorliegenden Amylose. Die gesättigten Jodkomplexe wurden durch Trocknung der mit Butanol ausgefällten Amylose über P_2O_5 und nachfolgende Färbung mit Joddämpfen gewonnen (in stöchiometrischer Menge, d. h. bis 26% vom Gewicht der Amylose). Diese Komplexe ergaben für Amylosen verschiedener Herkunft völlig identische

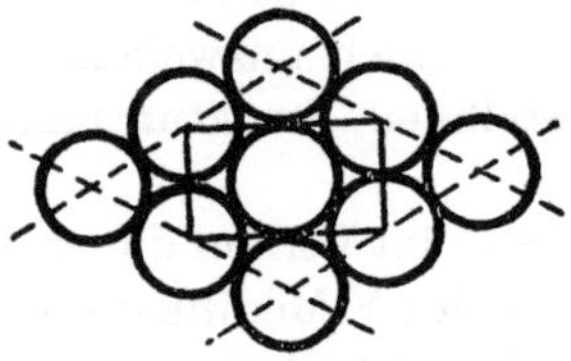

Abb. 11. Die kompakteste Lagerung von Zylindern (von oben gesehen). Die Punktlinie zeigt die Bildung der hexagonalen Zelle; die geschlossene Linie die Bildung der orthorhombischen Zelle

Röntgenogramme. Bei der Bestimmung der Indizes dieser Röntgenogramme im hexagonalen System fand RUNDLE für die Elementarzelle: $a_0 = 12{,}97$; $c_0 = 7{,}91$ und $d_{100} = 11{,}23$ Å.

Das hexagonale Gitter kann bei einem so komplizierten und unsymmetrischen Stoff, wie es die Stärke ist, nur auf eine Art gedeutet werden: Die Ketten stellen Zylinder dar, die in einer sehr kompakten Art gelagert sind (Abb. 11).

Die durch direkte Ausmessung erhaltenen Zellen stimmen mit den früher von FREUDENBERG berechneten Maßen der spiralförmig gewundenen polyglucosidischen Kette bestens überein. Nach FREUDENBERG beträgt der äußere Durchmesser der Spirale 13 ± 0,2 Å, und der Spiralenabstand muß 7,5 bis 8 Å betragen. In einer Periode der Spirale befinden sich sechs Glucosereste.

So enthält die von RUNDLE ausgemessene Elementarzelle eine Periode der spiralförmigen Amylosekette. Darüber, daß innerhalb einer Periode nur ein Jodmolekül Platz findet, berichteten wir schon vorher.

Die nächste Arbeit von RUNDLE war der Klärung der Kristallstruktur der mit Butanol ausgefällten Amylose, die vollkommen frei von Butanol und Jod war, gewidmet. Hier stellte er wiederum das Vorhandensein eines hexagonalen bzw. orthorhombischen Gitters fest. Wie in diesem Falle, so entsprach auch die Lagerung der Spiralen bei mit Butanol angefeuchteter Amylose der kompaktesten Lagerung der Zylinder (Abb. 11). Bei Anwesenheit von Butanol war die Zelle offensichtlich orthorhombisch ($a_0 = 13{,}7$ Å; $b_0 = 25{,}6$ Å; $c_0 = 7{,}8$ Å) und enthielt zwei Spiralen (d. h. zwölf Glucosereste).

In diesen Versuchen wurde die Pulvermethode in ihrer klassischen Form angewandt, d. h. das Pulver bestand aus echten, im Mikroskop gut sichtbaren Kristallen (Rosetten). Daher stand zweifelsfrei fest, daß die V-Diagramme von einer echten Kristallstruktur herrühren. Dies gestattet, die früheren von KATZ und BEAR erzielten Resultate vom zuverlässigen Standpunkt der „Kristallinität" aus zu prüfen.

Aus dem oben Gesagtem geht hervor, daß die Amylose in zwei verschiedenen Zuständen bestehen kann. Der eine (V-Modifikation) ist mit einer echten Kristallstruktur und einer spiralförmigen Konfiguration der einzelnen Amylosemoleküle verbunden. Das Amylopektin kann in der V-Modifikation nicht existieren. Der zweite Zustand der Amylose ist der linear orientierte. Gewöhnlich steht er in Zusammenhang mit den A- und B-Modifikationen. Hier scheint es uns angebracht, eine Reihe von Klarstellungen durchzuführen. Aller Wahrscheinlichkeit nach ergeben die A- und B-Diagramme unzuverlässige Angaben über die Kristallstruktur nicht infolge unvollständiger Untersuchungsmethoden, sondern weil sie in der Tat den echten Kristallgittern nicht entsprechen. Charakteristisch ist, daß selbst die besten A- und B-Diagramme (BEAR) nicht eine so ausreichende Zahl von Ordnungen ergeben, daß ohne weiteres von einem Kristallgitter gesprochen werden kann. Die A-, B- und C-Diagramme beweisen offenbar lediglich das Vorhandensein micellar-rudimentärer Kristallbildung, wobei einzelne Bereiche mehrerer Moleküle beteiligt sein können (siehe Abschnitt 5).

Die Entstehung vereinzelter kristalliner Bereiche ist weitgehend vom Amylosegehalt der Stärke abhängig. Deshalb können Unterschiede zwischen den A- und B-Diagrammen bei sorgfältiger Untersuchung ihrer Häufigkeit in den entsprechenden Stärken auf den relativen Amylosegehalt zurückgeführt werden. Weiterhin ist charakteristisch, daß in den ersten Untersuchungen von KATZ auch amylosearme Stärken von Getreidearten (kleberhaltige Stärken) der A-Modifikation zugeordnet wurden. Die Stärken der B-Modifikation enthalten 25% Amylose. Es ist außerordentlich interessant, daß die von RUNDLE und DAASCH (28) erhaltenen Häutchen und Gewebe der Amylose gleichfalls ein Diagramm ergeben, das dem der B-Modifikation ähnelt. Das beweist, daß die geordnet gebaute Amylose in linearer Konfiguration der B-Modifikation zustrebt. Je nach dem Maße der Erhöhung des Amylopektingehaltes fällt die geordnete Lagerung der Ketten in der Stärke ab, was sich durch den Übergang zur A-Modifikation kenntlich macht. Offenbar ist in der B-Modifikation die Tendenz zur tatsächlichen submikroskopischen Kristallstruktur stärker als in der A-Modifikation.

Inwieweit jedoch die Annahme zulässig ist, daß schon in den Häutchen und Geweben eine wirkliche Kristallstruktur mit triklinem Gitter und vier Glucoseresten in der Zelle besteht, ist vorläufig noch nicht endgültig geklärt.

Die physikalische Ursache der B- und V-Röntgenogramme der Amylose ist darin zu suchen, daß diese in zwei verschiedenen Energiezuständen existieren kann. Die lineare Struktur ist durch die Tendenz zur Vereinigung mit anderen Molekülen der Amylose und des Amylopektins unter Bildung von Micellen charakterisiert. Diesen Zustand kann man den Zustand der äußeren Sättigung der molekularen Kräfte nennen. Die spiralförmige Konfiguration wäre dagegen als Zustand der inneren Sättigung zu bezeichnen. In diesem Zustande kann die Amylose nicht mehr in enge Verbindung mit anderen Molekülen treten. Sie kann aber im hexagonalen oder orthorhombischen System unter Bildung echter Kristalle auskristallisieren.

Die Absättigung der Kräfte geht in beiden Fällen auf Kosten der Bildung von Wasserstoffbrücken zwischen den Hydroxylen vor sich. Es ist klar, daß die Amylose in der V-Modifikation nicht retrogradieren kann. Darum ist es verständlich, daß in den retrogradierten Stärken nur die A- oder B-Modifikation auftritt. Es ist jedoch nicht ganz richtig, zu behaupten, daß die Amylose bei der Retrogradation in die lineare Konfiguration übergeht, denn die spiralförmige Konfiguration entsteht nicht spontan. Hierzu ist das Vorhandensein eines Komplexbildners (Butanol, Thymol usw. oder Jod) erforderlich. Daher ist die spiralförmige Konfiguration nicht der normale Zustand der Amylose (siehe Teil C dieses Abschnittes). Der Übergang in die lineare Konfiguration (wenn die Amylose im Ausgangszustand spiralförmig war) ist für die Retrogradation erforderlich, er ist aber nicht das Wesentliche dieses Prozesses. Im Abschnitt 5 kommen wir hierauf eingehend zurück.

C. Eigenschaften spiralförmiger Komplexe und die Jodreaktionen verzweigter Polysaccharide

Auf Grund der im Abschnitt 4, Teil A, Punkt 3 und 4 gemachten Angaben gelangte RUNDLE zu dem Schluß, daß die Hydroxyle in einer spiralförmig gewundenen Amylose Dipole bilden, die sich in den Richtungen senkrecht zur Spiralenachse gegenseitig neutralisieren und längs der Achse ein sich summierendes Dipol ergeben, welches um so größer ist, je länger die Spirale ist. Die in das Innere eingedrungenen und längs der Spiralenachse gelagerten Jodmoleküle erhalten angeblich ein induziertes Dipolmoment, dessen Größe sich nach der Zahl der in die Spirale eingedrungenen Moleküle richtet. Das Zusammenwirken der äußeren und inneren Dipole führt zum Zusammenpressen der Spirale.

Ein solcher Mechanismus scheint uns völlig unbegründet. Er geht keineswegs aus den durchaus überzeugenden Angaben hervor, die von RUNDLE über die Struktur der spiralförmigen Komplexe gemacht wurden. Bedeutend wahrscheinlicher ist die Hypothese HILBERTS (9) über den Übergang der Amylose in den Zustand der inneren Sättigung der molekularen Kräfte im Moment der Bildung von Wasserstoffbindungen mit Fällungsmitteln. Auf die Bildung von Wasserstoffbrücken weist schon das von HILBERT angeführte Verzeichnis der Stoffe hin. HILBERT widersprechend (1946), verwies RUNDLE (10) darauf, daß Jod keine Wasserstoffbrücken mit Hydroxylen bilden kann. Uns scheint jedoch, daß Jod echte Komplexe mit Hydroxylen zu geben vermag. Hierauf deuten die außerordentlich krassen Farbveränderungen der Jod-Stärkekomplexe hin. Eine Veränderung der

Färbung kann in keiner Weise mit dem dem Jod eigenen Pleochroismus erklärt werden. Die Veränderung der Molekülspektren im sichtbaren Gebiet zeugt von einem fundamentalen Umbau der Elektronenhüllen, der nur bei echten Reaktionen stattfindet. Offenbar tritt das Jod gerade mit Hydroxylen in Reaktion (was aus dem Umstand hervorgeht, daß das Jod eine blaue Färbung auch mit Polyvinylalkohol, mit den basischen Acetaten des Lanthans usw., d. h. mit Verbindungen, die Hydroxyle enthalten, gibt). Wir können über die Unterschiedlichkeiten der Jodfärbung in Abhängigkeit von der Kettenlänge keine endgültigen Aussagen machen, man kann aber wohl annehmen, daß diese Färbung von verschiedenen Sättigungsgraden der Koordinationszahl des Jods abhängt. Man kann gleichfalls voraussetzen, daß sich in den kurzen Spiralen keine stöchiometrischen Wechselbeziehungen vollziehen. Vielmehr erfolgt in ihnen eine unvollständige Füllung der Spiralen oder es stellt sich ein dynamisches Gleichgewicht ein, bei dem das Jod frei aus den Spiralen in die Lösung und zurück wandert. (Ein solcher Mechanismus ist durchaus wahrscheinlich, da die Tendenz zur inneren Sättigung, d. h. die Neigung zur Reaktion mit dem Fällungsmittel, sich nach Maßgabe der Verkürzung der Kette verringern muß.)

Was die Versuche von RUNDLE mit der Hälfte der erforderlichen Jodmenge anbetrifft, so können sie aus rein stöchiometrischen Erwägungen heraus in dem Sinne erklärt werden, daß sich die eine Hälfte der insgesamt möglichen Anzahl der spiralförmigen Komplexe bildete, während die andere Hälfte der Amylose in der linearen Konfiguration verblieb. Hier möchten wir noch einmal unterstreichen, daß die spiralförmige Konfiguration offenbar im Moment der ersten Komplexbildung entsteht, z. B. bei Butanol- oder Thymolausfällung. Diese Konfiguration kann ferner erhalten bleiben, jedoch ist ein längeres Auftreten derselben durchaus nicht unbedingt erforderlich. Im Gegenteil: Bei gewöhnlichen Amyloselösungen, die durch schonende Fraktionierung erhalten wurden, liegt eine lineare Konfiguration vor.

Diese Auffassung wird durch die Arbeit FOSTERS und LEPOWS (29) über die Strömungsdoppelbrechung der Amyloselösungen bestätigt. Die in einem Gemisch von Glycerin und Äthylendiamin gelöste Amylose zeigte eine erheblich geringere Viskosität als die Proteine. Augenscheinlich befindet sich die Amylose — im Einklang mit der Theorie von KUHN über starre Moleküle in strömenden Medien — in einem verknäulten Zustande, ähnlich einer unordentlich gewundenen Schnur. In der Strömung findet weniger eine ausgesprochene Orientierung längs der Strömungsrichtung als vielmehr eine Ausrichtung der teilweise verbogenen oder verdrehten Kettenabschnitte statt.

Dieses Verhalten der Amylose bestätigt die Annahme, daß die spiralförmige Konfiguration im Augenblick der Komplexbildung entsteht. Noch im Jahre 1947 gelang es uns (im Rahmen einer Arbeit, die mit dieser in gar keinem Zusammenhang steht), die Bildung eines Jodkomplexes unter recht ungewöhnlichen Verhältnissen zu beobachten, die, wie es scheint, ebenfalls die Vorexistenz linearer Amylose in Lösung bestätigt.

Ein stark gekühltes Eisstückchen 1%iger Stärkelösung wurde mit alkoholischer oder wässeriger KJ-Lösung bestrichen. Ungeachtet dessen, daß das Jod deutlich in das Innere des Eisstückchens hineindiffundierte, entstand die blaue Färbung erst, als das Eisstückchen an der Oberfläche zu tauen begann, wobei die Färbung nicht in das Innere eindrang. Das kann nur damit erklärt werden, daß die Amylosemoleküle in der festen Phase (im Eis) linear waren und das diffundierende Jod nicht in das Innere einer fertigen Spirale einzudringen vermochte (wie in den Versuchen von RUNDLE mit Joddämpfen). Außerdem konnten sich die Amyloseketten infolge fehlender Beweglichkeit nicht spiralenförmig um die Jodmoleküle winden. Als die Amylose jedoch in die flüssige Phase überging (durch das beginnende Tauen des Eisstückchens an der Oberfläche), bildete sie sofort Komplexe mit dem Jod. Eine analoge Erscheinung kann bei der Einwirkung von Joddämpfen auf Stärkekörner (A- oder B-Modifikation) beobachtet werden, die nur in nassem Zustande eine blaue Färbung annehmen.

Aus den Versuchen RUNDLES geht hervor, daß bei Anwesenheit mehrerer Amylosefraktionen zuerst die hochmolekularen Fraktionen Spiralform annehmen, erst dann folgen die niedermolekularen. Das liegt jedoch nicht daran, daß bei den höhermolekularen Fraktionen die sich summierenden Dipole stärker sind, sondern daran, daß diese Fraktionen (die größere Menge von Hydroxylen!) eine größere Tendenz zur Sättigung molekularer Kräfte haben. In diesem Falle tritt dies durch die innere Sättigung infolge Anwesenheit eines Komplexbildners zutage, anderenfalls (beim Fehlen eines Fällungsmittels) würde eine verstärkte Retrogradation stattfinden.

Uns scheint deshalb, daß die Änderung der stöchiometrischen Verhältnisse, die je nach der Verkürzung der Ketten zu verschiedenen Jodreaktionen führt (z. B. bei der Hydrolyse), gerade mit der Verringerung der „inneren Aktivität" der Amylose parallel läuft. Wahrscheinlich beginnen die krassen Veränderungen der „inneren Aktivität" mit einem Polymerisationsgrad von 60 (wenn von hohen Polymerisationsgraden ausgegangen wird). Es ist bekannt, daß die Amylose schon bei einem Polymerisationsgrad von 60 bis 70 eine blaue Färbung mit Jod ergibt. Je nach Verkürzung der Ketten wird der Farbton violett, purpurn, rot, rotbraun, braun und zum Schluß geht er in die eigene Farbe des Jods in eine KJ-Lösung über.

Die Schardinger-Dextrine färben sich nicht mit Jod (richtiger: Ihre Färbung hat mit der Farbe der Jod-Stärkekomplexe nichts gemein. Das α-Dextrin ergibt mit Jod Kristalle mit einem Dichroismus von farblos bis blauschwarz. Die β- und γ-Dextrine ergeben mit Jod braune und gelbe Kristalle). French und Levin (30) beobachteten eine Jodkomplexbildung der Amyloheptose — des siebengliedrigen Analogons der Amylose — die durch die Sprengung des Ringes aus dem β-Dextrin Schardingers erhalten wurde. Mit Jod ergab die Amyloheptose lediglich eine leichte Verdunklung der braunen Lösungsfarbe. Man kann also folgern, daß die Änderung der Farbe des Jod-Amylosekomplexes in Intervallen bei Polymerisationsgraden zwischen 10 und 60 auftritt. Da im gesättigten Komplex ein Molekül Jod auf sechs Glucosereste entfällt, kann angenommen werden, daß sich die Komplexfärbung nach dem Maße der Abspaltung von je 4 bis 6 Glucosegliedern sprungartig ändern muß (was vom Übergang eines Jodmoleküls aus der Spirale in die Lösung begleitet ist).

Die gesättigten (blauen) Jodkomplexe sind außerordentlich stabil und beständig gegenüber der Einwirkung von Amylasen. Wir zeigten dies mit folgendem einfachen Versuch: Zu jodgefärbter Stärkelösung wurde α-Amylase gegeben. Der Verlauf der Hydrolyse unterschied sich kraß von dem einer gewöhnlichen Stärkehydrolyse. Es trat keine Farbänderung ein, die Lösung behielt ihre blaue Farbe, während die Aldehydgruppenzahl auf 40% (bezogen auf Maltose) anstieg. Dies wird damit erklärt, daß hauptsächlich das Amylopektin (und eine geringe Menge der kurzen linearen Amylose, die keine Komplexe gebildet hatte) der Einwirkung der Fermente ausgesetzt war, während die gesättigten Komplexe nicht zerfielen. Bei sehr geringen Jodkonzentrationen (2% Stärke und etwa 0,01% J_2 in KJ), konnte eine außerordentlich langsame Abnahme der Intensität der blauen Färbung beobachtet werden, die erst nach Ablauf eines Tages ohne Übergang in Zwischenfarben verschwand. Zur gleichen Zeit erreichte die Hydrolyse in zwei bis drei Stunden 50% (bezogen auf Maltose).

Es kann deshalb als feststehend betrachtet werden, daß der Übergang der Amylose in die spiralförmige Konfiguration mit der „inneren Sättigung" ihrer Hydroxyle, die durch Bildung von Wasserstoffbrücken oder Komplexen (z. B. mit Jod) in Erscheinung tritt, verbunden ist.

Es kann noch eine andere Frage aufgeworfen werden: Ist die behandelte spiralförmige Konfiguration die einzig mögliche? Diese Frage wurde von Bear (31) untersucht. Er zeigte, daß die Röntgenbeugungsdiagramme der Komplexe normaler Alkohole vom Methanol bis zum n-Butanol absolut gleich sind, während die des tertiären Butyl- und Amylalkohols wie auch die des Acetons und Glycerins ein völlig anderes Bild ergeben. Die Komplexe verzweigter Alkohole sind aber unter sich ebenfalls identisch. Die Röntgenbeugungsdiagramme zeigen größere Zellen. Bear ist der Meinung, daß der Alkohol in diesem Falle in der Spirale mit sechsgliedriger Windung keinen Platz findet (aller Wahrscheinlichkeit nach trifft dasselbe auch bei Thymol und Cyclohexanol zu).

Die Windung muß deshalb eine größere Gliederzahl, die dem Umfang des Alkoholmoleküls entspricht, enthalten.

Das Vorhandensein von nur zwei Spiralstrukturen für die genannten Alkohole weist nach Bear auf eine Begrenztheit der freien Drehbarkeit der Amylose zu einer Spirale hin.

Wir gehen nun zu den Jodreaktionen der verzweigten Polysaccharide über. Der spiralförmige Reaktionsmechanismus der Komplexbildung spielt hier offenbar eine Nebenrolle. Die Spiralen können nur an kurzen (Polymerisationsgrad 15 bis 20) äußeren Abzweigungen entstehen. Mit Ausnahme einiger abnorm langer Verzweigungen weisen sie keine Tendenz zur inneren Sättigung von Wasserstoffbindungen auf (was auch der Trennung von Fraktionen nach der Methode von SCHOCH zugrunde liegt). RUNDLE wies in seinen ersten Arbeiten darauf hin, daß die Jodkomplexbildung beim Amylopektin infolge Adsorption vor sich geht. Das erscheint uns wahrscheinlicher. Die Tendenz des Amylopektins zu äußerer Sättigung führt dazu, daß J_2-OH-Komplexe sich hauptsächlich in dichteren Verzweigungen des Moleküls bilden.

MEYER stellte die empirische Regel auf, daß die Farbe der Jodreaktion eines verzweigten Polysaccharids vom Grade der Verzweigung desselben abhängt. Entsprechend dieser Regel gibt die Amylose eine rein blaue Färbung mit Jod, das Kartoffelamylopektin eine violette, verzweigtere Getreideamylopektine eine rote, das Glykogen eine rotbraune und das noch ungeordneter gebaute β-Dextrin des Glykogens (ohne äußere Verzweigungen) gibt lediglich eine Verdunkelung der jodeigenen Farbe in wässeriger Lösung. Eine solche Klassifikation kann aber nicht ohne Einwände hingenommen werden. Schon zur Mitte des vorigen Jahrhunderts (CLAUDE BERNARD (5)) war bekannt, daß das Glykogen zuweilen eine blaue Jodreaktion gibt. W. W. KOWALSKI (32) erbrachte 1947 den endgültigen Beweis dafür. Eine Reihe von Glykogenen gibt mit Jod eine lila Farbreaktion, was aber im Schema MEYERS nicht berücksichtigt ist.

RUNDLE gelangte nicht zu endgültigen Schlüssen über den Charakter der Verbindungen des Jods mit Amylopektin und Glykogen. In einer Arbeit, die eine Serie seiner Untersuchungen abschließt, neigt er der Auffassung zu, daß diese Verbindung eine feste Lösung oder das Resultat einer Adsorption des Jods durch innere Molekülteile darstellt. Er erklärt jedoch gleichzeitig, daß auch ein spiralförmiger Mechanismus vorliegen könnte.

B. N. STEPANENKO und JE. AFANASSJEWA (33, 34) wiesen überzeugend nach, daß in einer Reihe von Glykogenen und Apoglykogenen[1] (die bei der Hydrolyse des Glykogens mit β-Amylase erhalten wurden) tatsächlich, oder zumindest teilweise ein spiralförmiger Mechanismus vorliegt. Hiervon zeugt der stufenartige Abfall der Extinktion bei der Hydrolyse des Glykogens: Der Austritt eines Jodmoleküls aus der

[1] Allgemein nennt man Apoglykogene eine Gruppe verwandter Polysaccharide, die zum Bestand des Glykogens gehören. Hierunter versteht man Produkte der unvollständigen β-Amylolyse der Ausgangsglykogene.

Spirale (infolge ihrer Verkürzung) führt zu einer sprungartigen Verringerung der Extinktion.

Im Glykogen, dessen sich STEPANENKO und AFANASSJEWA bedienten, überschritten die mittleren Längen der Seitenketten nicht 12 bis 15 Glieder, d. h. durch deren Bindungsfähigkeit konnten drei Jodmoleküle untergebracht werden. Der Abfall der Extinktion drückte sich in einer dreistufigen Kurve aus.

Auf Grund dieser Arbeit (34) ergänzt STEPANENKO die Regel von MEYER dahingehend, daß die Färbung der verzweigten Polysaccharide mit Jod von der Länge der äußeren Abzweigungen abhängt.

Dies trifft für den Teil des Jods, der in das Innere der spiralförmig gewundenen äußeren Abzweigungen eindringt, durchaus zu. Zu diesem Mechanismus der Komplexbildung kommt jedoch ein mehr allgemeiner, ein Adsorptionsmechanismus hinzu. Wenn sich die Jodfärbung auf die Spiralenbildung beschränken würde, müßten die Kurven der potentiometrischen J-KJ-Titration RUNDLES einen stufenartigen Charakter haben (im Bereich von 20 bis 25 Glucosegliedern könnten sich 4, 3, 2 und 1 Jodmolekül halten). Der stete Verlauf der Kurve läßt erkennen, daß die Adsorption diesen zweifelsohne bestehenden Mechanismus überdeckt. Die Adsorption ist mit einer Änderung der Farbe verbunden (das beweist zumindest die adsorptiometrische Titration). Daraus ist ersichtlich, daß sich auch hier Verbindungen des Jods mit Hydroxylen bilden. Ihre Färbung hängt vom Sättigungsgrad der Koordinationszahl des Jods ab, welche ihrerseits wieder vom Verzweigungsgrad des Polysaccharids abhängig ist. Im Endergebnis werden auf einem „Adsorptionshintergrund", der wahrscheinlich braun ist, offensichtlich Farbtönungen aufgetragen. Für weitere Präzisierungen reicht, wie uns scheint, das Tatsachenmaterial vorläufig nicht aus.

Wie B. N. STEPANENKO begründet ausführt, sind alle kolorimetrischen Methoden der Stärke- und Glykogenanalyse durch das sehr unterschiedliche Verhalten von Amylopektinen und Glykogenen gegenüber Jod äußerst kompliziert und erschwert. Hierüber sprachen wir bereits vorstehend. Es ist daher erforderlich, in jedem einzelnen Fall die aus dem gegebenen Präparat erhaltenen künstlichen Fraktionen einzeln zu untersuchen und anschließend die Verteilung des Ausgangspolysaccharids auf einer Eichkurve zu ermitteln.

Die als Standardmethode vorgeschlagene Methode der „Blauwerte" („BV" — blue values) (6) ist von diesem Mangel nicht frei. Die Standardisierung dieser Methode bezieht sich auf die Herstellung von Stärke- und Jodlösungen. Die Intensität der Jodfärbung untersuchten Hassid und Mc Cready mit dem photoelektrischen Kolorimeter von Klett-Sommerson in einer 20 mm Küvette mit Rotfilter K_{66}. Die Methode ist gut für den Vergleich verschiedener Stärken (hohe Blauwerte deuten auf Anwesenheit höhermolekularer Amylosefraktionen hin). Bei Untersuchung der Zusammensetzung irgendeiner Stärke ist dieselbe vorher zu fraktionieren und eine Eichkurve aufzustellen.

Bernfeld (35) wandte eine Methode der Vergleichsfarben zur Bestimmung der Aktivität der α-Amylase an. Künstliche Mischungen chemischer Farbstoffe wurden der Farbe angepaßt, die käufliche Zulkowski-Stärke in verschiedenen Stadien der Hydrolyse ergab. Anschließend wurden 15 Eichfarben von blau bis braun angefertigt und das zu untersuchende Hydrolysat mit diesen verglichen. Diese Methode ist sehr bequem und schnell, jedoch ist ihre Anwendung rechtbegrenzt.

Eine ähnliche Methode zur Bestimmung der Anwesenheit von α-Amylase in Blut und Harn, wonach die Veränderung der Jodstärkefärbung beobachtet wird, schlugen B. W. Smith und J. H. Roe (36) vor. Aber auch hier ist die Methode nur für diesen Spezialfall anwendbar. Allgemeiner anwendbar sind die Methoden der adsorptiometrischen Titration nach Rundle, wenngleich auch hier zuweilen erst eine vorausgehende Fraktionierung durchzuführen ist.

B. N. Stepanenko (33, 34) wandte mit Erfolg die adsorptiometrische Methode bei der Untersuchung der Jodreaktion von Glykogenen verschiedener Herkunft an, jedoch ist ihre Anwendungsmöglichkeit als Analysenmethode nicht ohne Bedenken.

Vielversprechend dagegen ist die von W. W. Kowalski ausgearbeitete Methode der chromatographischen Analyse (32). Kowalski führte die Jodchromatographie verschiedener Glykogene an Adsorptionssäulen von $CaCO_3$ durch. Ihm gelang es zu zeigen, daß die sogenannten reinen Präparate eine Reihe gefärbter Zonen — von blau bis braun — ergeben. Augenscheinlich weisen diese Zonen auf individuelle Stoffe (Apoglykogene) hin, die sich der Struktur nach unterscheiden.

Es ist wahrscheinlich, daß sich diese Methode auch für genaue quantitative Analysen als brauchbar erweisen wird.

5. Das Verhalten der Fraktionen in Lösung

Die Kenntnis der chemischen Eigenschaften der Amylose und des Amylopektins allein genügt für die Klärung ihres recht komplizierten Verhaltens in Lösung (Retrogradation, Kleisterbildung usw.) nicht. Nur unter Berücksichtigung der physikalisch-chemischen Eigenschaften der Amylose und des Amylopektins als hochmolekulare Stoffe kann an eine erfolgversprechende Lösung dieses Problems gedacht werden. Eine der Grundeigenschaften der Stärke ist ihre Neigung zur Bildung halbkristalliner Aggregate. Im vorangegangenen Abschnitt stellten wir fest, daß nur die Amylose in spiralförmiger Konfiguration wirkliche Kristalle bildet. Im gewöhnlichen Falle jedoch (A-, B- und C-Röntgenogramme) wird ein kristallines Röntgenbeugungsdiagramm nur infolge Anwesenheit von Micellen (d. h. einzelner Bereiche eines kristallinen Gitters, die durch Fadenmoleküle miteinander verbunden sind) erhalten. Der Bildung solch kristalliner Bereiche liegt ein Mechanismus zugrunde, der bei Hochpolymeren allgemein ist und von Mark und Meyer (15) beschrieben wurde. Einzelne Bereiche der Makromoleküle können selbständige Bewegungen (des Typus der rotierenden Schwingungen) ausführen, wobei sie mit gleichen Bereichen benachbarter Moleküle in Berührung treten. Im Endresultat können einige verschiedene Moleküle ein Kristallgitter unter Abgabe von Kristallisationswärme bilden. Zu gleicher Zeit können sich andere Bereiche derselben Moleküle zu einem entsprechenden kristallinen Bereich an anderer Stelle zusammenlagern. Das führt zu einer recht stabilen Struktur, da die einzelnen kristallinen Bereiche untereinander verbunden sind.

Das Wachstum der Micellen erfolgt ebenso wie das der gewöhnlichen Kristalle. Nach bestimmten Zeiten führt dieses zum Ausfall des Hochpolymeren aus der Lösung, gewöhnlich in der Form eines Gels.

In Sonderfällen erfolgt bei der Amylose und beim Amylopektin die Bildung des Kristallgitters anscheinend über Wasserstoffbrücken, da die Stärke eine sehr große Anzahl von Hydroxylen enthält. Man könnte annehmen, daß zumindest die Amylose in verdünnten Lösungen die Tendenz aufweisen könne, die Wasserstoffbindungen „in sich" zu sättigen (d. h. zur inneren Sättigung), ähnlich den globularen Eiweißen (eine solche Verwandlung der sonst linearen Gelatine in eine

„globulare Form“ beobachteten unter entsprechenden Verhältnissen W. A. KARGIN und Mitarbeiter (54)). Die spiralförmige Konfiguration der Amylose ist eben der Prototyp der „in sich“ gesättigten, polymeren Kette. Von diesem Gesichtspunkt aus kann man sie tatsächlich in gewissem Grade der globularen Form gleichsetzen (nach dem Modell von TALMUD und BRESSLER (11). Im Unterschied zu den Eiweißen kann die Amylose jedoch nicht selbständig in eine „in sich“ gesättigte Konfiguration übergehen. Sie tut das nur bei Anwesenheit von Komplexbildnern (wir sahen, daß die Amylose in Lösung in spiralförmiger Form nicht existiert). Die für die Amylose übliche Sättigungsform der Wasserstoffbindung ist die Micellbildung (d. h. die äußere Sättigung), die zur Retrogradation oder zum Ausscheiden eines Gels führt. Letzteres erfolgt öfters bei Anwesenheit von Amylopektin, worauf wir weiter unten zurückkommen.

Eine weitere, auf den ersten Blick unverständliche Eigenschaft der Amylose ist ihre geringe Löslichkeit im Vergleich zum Amylopektin. Dieser Umstand wird gewöhnlich bei der schonenden Fraktionierung (deren physikalischer Mechanismus im weiteren geklärt werden wird) ausgenutzt, wobei die Amylose mit warmem Wasser aus den gequollenen Stärkekörnern herausgewaschen wird. Während sich das Amylopektin in einer Menge von 5% und mehr recht leicht löst, ist es schwer, eine 1%ige Lösung selbst niedermolekularer Amylose zu erhalten. In der Regel ist in kaltem Wasser die niedrigst molekulare Amylosefraktion löslich; höhermolekulare Fraktionen sind in heißem Wasser löslich und fallen beim Abkühlen wieder aus (hierauf gründet sich die Fraktionierung der Amylose), die höchstmolekularen Fraktionen aber lösen sich nur in Alkalien und fallen bei Neutralisation wieder aus.

Dies alles kann auf die geordnete lineare Struktur der Amylose, die eine Tendenz zu dichter Lagerung hat, zurückgeführt werden. Daraus erklärt sich gleichfalls, daß unfraktionierte Amylose besser löslich ist als fraktionierte. Gleichartige Moleküle der fraktionierten Amylose gestatten eine kompaktere Lagerung als die gleichzeitige Anwesenheit verschiedenartiger Ketten mit sehr unterschiedlichen Polymerisationsgraden.

Das ungeordnet verzweigte Amylopektin läßt eine kompakte Lagerung nicht zu und geht daher bedeutend leichter als die Amylose beim Lösungsvorgang in den molekular-dispersen Zustand über.

Zum Schluß sei noch auf die Verminderung der Löslichkeit der Amylose bei längerer Aufbewahrung in feuchter Atmosphäre hingewiesen. Hier erfolgt ein Wachstum großer Kristalle auf Kosten kleiner. Es ist bekannt, daß gesättigte Lösungen die Neigung „zum Altern“ aufweisen. Auf Kosten der Auflösung kleiner Kristalle erfolgt ein ununterbrochenes Wachstum weniger löslicher großer Kristalle. Dasselbe trifft für die Amylosemicellen zu. Daher muß einer längeren Lagerung der Amylose besondere Beachtung geschenkt werden.

Die Rolle von Laugen bei der Auflösung hochmolekularer Amylose (ebenso auch bei der „Verjüngung“ retrogradierter Lösungen), ist offenbar in der Aufhebung von Wasserstoffbrücken in den Micellen zurückzuführen.

Nun wollen wir uns einer eingehenderen Untersuchung der Retrogradation und der Kleisterbildung zuwenden (15).

Die Retrogradation ist die typische Form des Ausfällens der Amylose aus einer wässerigen Lösung. Kerr (37) setzt dabei voraus, daß die optimale Länge der Ketten (in der Größenordnung von 150 Glucoseeinheiten) hier eine große Rolle spielt, da außerordentlich lange Ketten in der Lösung langsamer diffundieren und seltener zusammenstoßen als kurze. Sehr kurze Ketten wiederum weisen an sich keine ausreichende Tendenz zur Bildung von Wasserstoffbindungen auf. Im ersten Stadium der Retrogradation erfolgt eine Umwandlung der echten Lösung in eine kolloide. Die Kolloidteilchen — die „Submikronen“ — sind unsichtbar. Ihre Bildung bzw. ihr Auftreten kann an der Trübung der Lösung und Erhöhung der Resistenz gegenüber der Einwirkung von Amylase erkannt werden. Die Retrogradation kann man nach zwei voneinander unabhängigen Verfahren verfolgen, von welchen das nephelometrische Verfahren am geeignetsten ist (d. h. die Feststellung der Trübung nach der Zeit). Die Submikronen stellen winzige Micellen dar. Da jedoch die Amylose nur verdünnte Lösungen gibt (die 1%ige Lösung ist schon gesättigt, bei der hochmolekularen Fraktion sogar übersättigt), besteht hier keine Bindung einzelner Micelle durch Molekülfäden. Bei weiterem Stehen der Lösung koagulieren die Submikronen allmählich und fallen letzten Endes in Form von Flocken aus. Selbst beim Erwärmen der Lösung bleiben diese Flocken unlöslich. Die Amylose in einen löslichen Zustand zurückzuführen, ist nur noch in alkalischem Milieu möglich

(z. B. in Sodalösung). Wie wir schon sagten, werden hierbei die für die Micellbildung verantwortlich zu machenden Wasserstoffbrücken aufgehoben.

Gewöhnlich wird die „Verjüngung“ retrogradierter Lösungen (MEYER und BERNFELD, 1947) durchgeführt, ehe die Retrogradation ihr Endstadium erreicht hat, wobei die getrübte und gegen Amylasen resistent gewordene Lösung alkalisch gemacht wird. Wenn diese wieder durchsichtig geworden ist, wird neutralisiert. Auf diesem Wege führte BERNFELD (38) die α-Amylolyse bis zu einem Stadium durch, welches über das „theoretische“ (d. h. das frühere, ohne Berücksichtigung der Retrogradation gemessene) hinausgeht. Es ist noch zu bemerken, daß sofort nach der Neutralisation der „verjüngten“ Lösung die Retrogradation von neuem einsetzt.

Die Retrogradation verhindert den normalen Verlauf der Amylolyse. So geht z. B. bei der β-Amylolyse, die an sich eine recht langwierige Reaktion darstellt, in der Lösung parallel eine andere Reaktion vor sich, nämlich die Bildung von Submikronen. Teilweise zerfallen diese bei der Zugabe frischer Anteile von Fermenten; gleichzeitig vergrößern sich aber andere Submikronen, bis endlich der Punkt erreicht wird, bei dem die gesamte verbliebene Amylose in submikroskopische Teilchen übergeht und die Amylolyse zum Stillstand kommt. Das Außerachtlassen der Retrogradation führte selbst bei so erfahrenen Forschern wie MYRBAECK und HEYNS zu falschen Schlüssen (MYRBAECK war der Meinung, daß die Amylolyse zur Bildung sechsgliedriger Dextrine führt).

MEYER und BERNFELD (15, 38) arbeiteten eine Methode aus, durch die es gelingt, die β-Amylolyse vollkommen zu Ende zu führen. Hierzu wurde eine stark alkalische Lösung der Amylose, bei der die Möglichkeit der Retrogradation ausgeschlossen war, tropfenweise zur konzentrierten Lösung der β-Amylase bei einem $p_H = 4,8$ gegeben. Hierbei wurde die alkalische Lösung sogleich neutralisiert und die Amylosemoleküle wurden vom Fermentüberschuß umhüllt. Bevor die Amylosemoleküle miteinander in Berührung kamen, konnte sich bereits der Komplex β-Amylase — Amylose bilden.

Das Ausfallen der Amylose als Gel kann bei Vorliegen von Alkali nur bei konzentrierten Lösungen beobachtet werden. Die Bildung des Gels beginnt sofort nach der Neutralisation. In Anbetracht der Anwesenheit einer großen Zahl von Makromolekülen kann angenommen werden, daß die Micellen bereits vorgebildet sind. Voraussetzung für die Bildung eines Gels ist aber eine solche Konzentration, bei der man die Lösung als aus biegsamen, mit Lösungsmittel getränkten Fäden („Watte") betrachten kann. Das entspräche einer Konzentration in der Größenordnung von 5% und höher.

Die Bildung eines Gels ist für das Amylopektin charakteristischer und verläuft nach dem oben beschriebenen allgemeinen Mechanismus. Die gute Löslichkeit des Amylopektins erleichtert die Herstellung hoch konzentrierter Lösungen. Eine große Anzahl äußerer Abzweigungen erleichtert außerdem die Bildung kristalliner Bereiche, die mehreren Molekülen gemeinsam sind. Anwesenheit von Amylose, welche anscheinend zusätzlich die äußeren Verzweigungen verschiedener Moleküle des Amylopektins verknüpft, indem sie sich zu Micellen zusammenlagert, führt zu schnellerer Bildung eines Gels.

Wenngleich das Altern verdünnter Amylopektinlösungen nicht unmittelbar beobachtet wurde, so findet dasselbe zweifellos ebenfalls statt. Darauf weist schon allein die Tatsache hin, daß es Meyer und Bernfeld (39) nach dem von ihnen für Amylose ausgearbeiteten Verfahren gelang, durch die Wirkung der β-Amylase verschiedene Amylopektine bis zu 60% zu hydrolysieren (an Stelle der gewöhnlichen 40 bis 50%). Es ist möglich, daß das Altern des Amylopektins auch dadurch in Erscheinung tritt, daß einzelne äußere Zweige ein und desselben Moleküls sich durch Nebenvalenzen verknüpfen.

Neue, von Meyer erhaltene Resultate geben ein weiteres Argument zu dessen Gunsten in der Diskussion mit Haworth. Untersuchungen des Getreideamylopektins mit einem Polymerisationsgrad von 1100 ergaben (im Perjodatverfahren) etwa 45 Verzweigungen pro Molekül. Von 1100 Gliedern entfallen auf die äußeren Verzweigungen 660 (darauf bezogen, daß die β-Amylolyse 60% erreichte), auf das β-Dextrin aber 450. Das bedeutet, daß Abzweigungen ungefähr nach allen 10 Gliedern vorliegen und die äußeren Abzweigungen etwa 15 Glieder enthalten müssen, was selbstverständlich anomale Abweichungen nach beiden Richtungen nicht ausschließt. Das Schema von Haworth ist mit diesen Zahlen in keiner Weise zu vereinbaren.

Hier ist es angebracht, darauf hinzuweisen, daß das Glykogen, das einen noch ungeordneteren Bau als das Amylopektin aufweist, zur

Bildung von Micellen schon nicht mehr fähig ist. Erklärt wird dies neben anderem damit, daß seine äußeren Verzweigungen sehr kurz (8 bis 10 Glieder) und außerstande sind, lokale rotierende Schwingungen durchzuführen. Die hochgradige Verzweigung führt dennoch zu einer amorphen Aggregation, wenn mehrere Glykogenmoleküle stabil durch scheinbar vereinzelt auftretende Wasserstoffbrücken verbunden sind (d. h. ohne Bildung kristalliner Bereiche). Die amorphe Aggregation kann, wie auch die Retrogradation, die Versuchsresultate bei Glykogen stark beeinflussen. In gewissem Maße dürfte sie auch bei den Amylopektinen in Erscheinung treten.

In Pflanzen liegt die Stärke gewöhnlich in Form von Körnern vor, die aus Sphärolithen, d. h. aus sphärischen Aggregaten nadelförmiger Kristallite aufgebaut sind. Letztere sind nicht richtige Kristalle mit regelrechten Kristalloberflächenbau, sondern sie gleichen Micellen, die aber kompakter in der Form dünner Stäbchen oder Nadeln gelagert sind. In kaltem Wasser sind die Körner nicht löslich. Das bedeutet, daß alle Moleküle der äußeren Schicht zu kristallinen Bereichen zusammengelagert sind. Mit Erhöhung der Temperatur beginnen sich die kleinen Micellen aufzulösen, und in der Hülle bilden sich Lockerstellen, durch welche das Wasser in das Innere des Kornes gelangt. Hierbei quellen die Körner auf (zuweilen um das 100fache ihrer natürlichen Größe). Bei weiterer Temperaturerhöhung wird immer mehr Amylose und niedermolekulares Amylopektin ausgewaschen, der osmotische Druck im Korninneren fällt, und das Korn selbst beginnt zu zerfallen. Bei 109° gehen alle Micellen in Lösung, und die Körner verschwinden (hierauf beruht auch die Vorbehandlung der Stärke bei der Fraktionierungsmethode von Schoch).

Ebenso ist festgestellt worden, daß bei schnellem Temperaturanstieg bis 70° im Laufe einer Stunde mehr Amylose ausgewaschen wird als bei einer Temperatur von 60° im Laufe mehrerer Stunden. Hierbei erfolgt eine Umkristallisation: die großen Micellen vergrößern sich auf Kosten einer Lösung kleinerer, und die Körnerhüllen werden dadurch widerstandsfähiger. Eine Umkristallisation kann auch durch Behandlung der Stärke in einer feuchten Atmosphäre bei 100° erreicht werden. Hierbei wird das Röntgenogramm geändert (s. S. 45) und die Quellungstemperatur erhöht sich.

Die Bildung von Stärkekleistern erfolgt stets nach dem gleichen

Mechanismus, nämlich durch die Bildung verschiedener Molekülen gemeinsamen kristallinen Bereichen. Bei geringem Lösungsvolumen oder bei nicht genügender Bewegung der Lösung berühren sich die gequollenen Körner miteinander. Unter Einbeziehung der freien Enden, hauptsächlich derjenigen der Amylose vereinigen sich die Körner untereinander durch halbkristalline Bereiche[1] unter Bildung eines beim Kaltwerden schnell erstarrenden Gels. Die Geschwindigkeit des Erstarrens ist um so größer, je hochmolekularer die Amylosefraktion der gegebenen Stärke ist. Die Unterschiedlichkeit des Verhaltens von Stärken verschiedener Herkunft erklärt sich folgerichtig aus den Wechselbeziehungen und dem Molekulargewicht ihrer Fraktionen.

Somit liegt der Retrogradation der Amylose, der Bildung von Amylose- und Amylopektingelen und der Stärkekleisterbildung ein und derselbe physikalische Mechanismus zugrunde. Es kann angenommen werden, daß nach dem gleichen Mechanismus auch die Stärkekörner selbst entstehen[2]. Die spezifischen Verhältnisse lebender Zellen und äußere Faktoren, unter denen das Zellwachstum vor sich geht, bedingen selbstverständlich auch den Charakter der Stärkekornbildung.

Die erwähnten Eigenschaften der Stärkelösungen verringern die Möglichkeit einer Untersuchung der Stärkefraktionen durch osmometrische, Diffusions- und ähnliche Methoden, die in der Eiweißchemie weit verbreitet sind, außerordentlich. Die Retrogradation schließt das Arbeiten in wässerigen Lösungen aus. Bevorzugt verwendet man deshalb die nicht alternden Lösungen der Stärkederivate (Äther, Ester) in organischen Lösungsmitteln (Chloroform, Äthylendiamin, Formamid usw.). Jedoch muß bei der Herstellung solcher Lösungen sehr vorsichtig verfahren werden. Amylopektin und Glykogen neigen zu amorpher Aggregation, welche nicht nur in wässerigen Lösungen stattfindet, sondern auch in beliebigen anderen Fällen, wo diese Stoffe sich in Berührung mit benetzenden Flüssigkeiten befinden (dabei braucht es nicht einmal ein Lösungsmittel zu sein). Darum ist

---

[1] Zwischen den Oberflächen der Sphärolithe bilden sich neue Micelle, die gleichzeitig in den Bestand mehrerer Körner eingehen, welche durch einzelne Moleküle miteinander verbunden scheinen.

[2] Die Bildung von Stärkekörnern unter laboratoriumsmäßigen Bedingungen beobachteten Hanes und Knjaginitschew (40).

es äußerst schwierig, die amorphe Aggregation zu verhindern. Während des Bearbeitungsprozesses verbleiben das Amylopektin oder Glykogen in der Regel immer eine bestimmte Zeit in der Form einer „alkoholischen Suspension", in welcher eine Aggregation möglich ist. Diese Aggregate später in Einzelmoleküle aufzuspalten, gelingt nicht mehr, da sie sehr stabil sind (dies wurde von MEYER bei Maisglykogen nachgewiesen (3)).

Charakteristisch ist, daß bei Anwendung physikalisch-chemischer Untersuchungsmethoden bei Amylose, die zu einer amorphen Aggregation nicht fähig ist, untereinander gut in Einklang stehende Resultate erhalten wurden. Im Falle des Amylopektins und insbesondere des Glykogens erhielt man jedoch Werte, die große Unterschiede zeigten, nur die unteren Grenzwerte stimmten annähernd überein. Augenscheinlich entsprachen sie Stoffen in molekulardispersem Zustande, während alle übrigen Werte zur Charakterisierung verschiedener Aggregationszustände dienen können.

Unlängst versuchte KERR (41), diese Schwierigkeiten zu umgehen, indem er das Amylopektin durch sein β-Dextrin ersetzte. Es ist natürlich, daß beim β-Dextrin mit seinen abgespaltenen äußeren Verzweigungen die Tendenz zur Aggregation stark vermindert ist. Die auf diese Art durchgeführten osmometrischen Molekulargewichtsbestimmungen des Amylopektins ergaben gute Übereinstimmung mit den direkten Meßergebnissen nach der reduktionskolorimetrischen Methode.

Bisher betrachteten wir das Verhalten der Stärke in Lösungen vom Standpunkt der Molekularphysik. Wenn hierbei auch ziemlich viel über die Eigenschaften des Makrosystems der Stärke gesagt werden konnte (Körner, Suspensionen, Gele u. a.), so ist dies doch recht einseitig. In der Natur ist die Stärke in Form von Körnern und kolloiden Lösungen verbreitet. Deshalb müssen auch die Fragen über Wachstum und Zerfall der Stärkekörner, sowie der Bildung von Gelen einer Betrachtung vom Standpunkt der reinen Kolloidik unterzogen werden In einer Reihe von Fragen aus der Praxis (Brotbacken, agrobiologische Probleme) tritt die Mikrostruktur der Stärke im allgemeinen in den Hintergrund, an erster Stelle stehen hier die kolloiden Eigenschaften. So ist z. B. das Hartwerden des Brotes in erheblichem Maße auf den Wasserverlust der Stärke zurückzuführen. Folglich ist es für praktische Zwecke wichtig, die Prozesse der Solvatation von Stärkesuspensionen wie auch die Prozesse der Sorption und Desorption von Feuchtigkeit aus der Luft zu kennen. Letzteres ist auch für die Wahl geeigneter Verfahren für die Lagerung von Stärke, Mehl usw. von Bedeutung.

Eine strenge Behandlung der Frage der Kolloidik hochpolymerer Stoffe erfolgte bereits im Jahre 1939 durch A. W. Dumanski (42). Die Dispersions- und Kondensationsmechanismen der Bildung von Kolloidlösungen untersuchend, stellte A. W. Dumanski fest, daß im Grunde genommen schon molekulardisperse Lösungen hochpolymerer Stoffe als kolloid bezeichnet werden können, da die Größen der Moleküle die der Kolloidteilchen erreichen. Wir sahen bereits, daß Lösungen von Stärkefraktionen tatsächlich über eine Reihe kolloider Eigenschaften verfügen (z. B. Retrogradation und amorphe Aggregation). A. W. Dumanski weist auch darauf hin, daß diese Aggregation in solchen molekular-kolloiden Lösungen keine Koagulation darstellt (wie bei gewöhnlichen Kolloiden), sondern daß eine solche über das Zwischenstadium der Micellbildung geht. Die micellarkolloide Lösung entspricht dem Dispersionssystem im gewöhnlichen Sinne des Wortes. Je nach dem Charakter des Lösungsmittels und des gelösten Stoffes verhalten sich die Kolloidsysteme verschieden.

Eine der Grundlagen zur Klassifizierung hochpolymerer Kolloide ist ihr Verhalten gegenüber Wasser. Hier sind lyophile und lyophobe Kolloide zu unterscheiden. Lyophile Kolloide werden charakterisiert durch ein sehr intensives Solvatationsvermögen unter Bildung von Gelen. Eine allgemeine Theorie der lyophilen Kolloide wurde im einzelnen von Ss. M. Lipatow (43) ausgearbeitet. Die Stärke ist ein typisch lyophiles Kolloid. Das erklärt sich daraus, daß in ihr eine große Menge polarer OH-Gruppen enthalten sind, die Wasserstoffbindungen mit den sie umgebenden Wassermolekülen zu bilden imstande sind. Bei vielen lyophilen Kolloiden konkurrieren die Prozesse der Aggregation und Solvatation miteinander. Wie Ss. M. Lipatow und G. W. Lipatowa (44) darlegen, ist eine Aggregation um so wahrscheinlicher, je geringer die Zahl der aktiven Punkte auf dem Molekül ist, die vom Lösungsmittel besetzt sind (unter aktiven Punkten sind polare Gruppen, die das Lösungsmittel binden, zu verstehen). Danach ist ein „schlechtes" Lösungsmittel ein solches, dessen Moleküle mit einer geringen Anzahl von Bereichen (aktive Punkte) auf dem Molekül des gelösten Stoffes in Wechselbeziehungen stehen. In einem solchen Lösungsmittel wird das Gleichgewicht der Reaktion

$$\text{Micelle} \rightleftarrows \text{Moleküle}$$

auf die Seite der Micellbildung verschoben, wobei die Micelle zur Koagulation neigen.

Das Vorliegen einer Konkurrenz zwischen Solvatation und Aggregation gestattet nach A. I. Rabinowitsch (45), die lyophilen Kolloide in zwei Gruppen zu unterteilen: 1. Systeme, in denen mit der Zeit der Grad der Aggregation absinkt und 2. „alternde" Systeme, in denen sich der Grad der Aggregation erhöht.

Die wässerigen Lösungen der Stärke gehören zur zweiten Gruppe. In dieser Beziehung ist die Retrogradation der Amylose außerordentlich charakteristisch. Wie wir jedoch wissen, ist die Gelbildung eine nicht minder charakteristische Form des Ausfallens der Stärke aus Lösungen. Deshalb können die oben erwähnten allgemeinen Vorstellungen über die Konkurrenz von Aggregation und Solvation nicht ohne weiteres auf die Stärke bezogen werden. Das wird sofort klar, wenn man bedenkt, daß lediglich eine verhältnismäßig kleine Menge von Stärkehydroxylen Wasserstoffbrücken zwischen den einzelnen Molekülen bildet, während der größere Teil derselben in freiem Zustande verbleibt. Dadurch verlieren die Oberfläche und die „Lücken" eines polymolekularen Aggregates keinesfalls die Fähigkeit, Wasser zu binden, sondern im Gegenteil, sie adsorbieren es intensiv. Das Zusammenwirken der Prozesse der Solvatation und Aggregation liegt der sogenannten Verkleisterung der Stärke zugrunde. Die einfachste Variante der Verkleisterung wurde von uns bereits auf Seite 51 behandelt. Dieser Fall ist nicht besonders charakteristisch, denn, wie bekannt, wird der Kleister für praktische Zwecke durch Eingießen einer Stärkesuspension in heißes Wasser bei schnellem Umrühren bereitet. Hierbei verwandelt sich die flüssige Lösung innerhalb 1 bis 2 Minuten tatsächlich in ein dickes, undurchsichtiges Gel (Kleister).

Die Kinetik der Verkleisterung wurde von W. I. Nasarow (46) eingehend untersucht. Er wies nach, daß die Verkleisterung einen molekularphysikalischen Prozeß unter Energieaufwand darstellt (47). Die von außen zugeführte Wärme dient der teilweisen Zerstörung der

Stärkekörner, was für eine schnelle Bildung des Gels unbedingt erforderlich ist. Hierbei erhöht sich die Zahl der Berührungspunkte bei den Stärkekörnern untereinander schnell. Infolge Lückenbildung und durch Quellung vergrößert sich die aktive Oberfläche der Körner sehr stark. Die zerfallenen Körner bilden rasch eine „molekulare Watte" (S. 49) und binden das Wasser. Die Temperatur, bei der dieser schnelle Prozeß beginnt, nennt W. I. Nasarow die „Verkleisterungstemperatur". Während der Verkleisterung steigt die Temperatur nicht an, da die gesamte zugegebene Wärme für die Zerstörung der Stärkekörner aufgewandt wird. Dies wurde von W. I. Nasarow in Zusammenarbeit mit A. W. Nikolajew (47) nachgewiesen.

W. I. Nasarow untersuchte ferner den Einfluß von Elektrolyten auf die Verkleisterung. Die Zugabe von Salzen senkt die Verkleisterungstemperatur um einige Grade. Die Stärkekörner zerfallen hierbei offenbar schneller. Bei Erwärmung einer Stärkesuspension in verdünnter Salz- oder Salpetersäure wurde die Verkleisterungstemperatur ebenfalls verringert, jedoch begann nach dem Zerfall der Körner sofort eine Säurehydrolyse, wodurch das Gel schnell wieder flüssig und durchsichtig wurde.

In einer anderen Arbeit (48) behandelte W. I. Nasarow die Stärke mit Salzsäure, die anschließend wieder entfernt wurde, vor. Bei kurzfristiger Säureeinwirkung senkte sich, wie zu erwarten war, die Verkleisterungstemperatur infolge der teilweisen Zerstörung der Stärkekörner. Bei längerer Einwirkung der Salzsäure beginnt die Verkleisterungstemperatur anzusteigen und erreicht eine Höhe, die über der der nativen Stärke liegt. Im Lichte der zu Beginn dieses Abschnittes dargelegten gegenwärtigen Anschauungen scheint es möglich zu sein, daß die im Prozeß der teilweisen Hydrolyse freigemachten Amylose retrogradiert und an den Bruchstücken der Stärkekörner adsorbiert wird, wobei sie dort widerstandsfähige Bereiche bildet. Zu ähnlichen Schlüssen kommt auch W. I. Nasarow (erinnern wir uns, daß die Arbeit im Jahre 1939 durchgeführt wurde).

Die Oberflächeneigenschaften von Stärkegallerten untersuchte W. A. Ptschelin (49), dem es gelang, einen Zusammenhang zwischen dem Charakter der Wasserdurchtränkung der Gallerten und der Struktur der sie bildenden Stoffe (Agar-Agar, Stärke, Gelatine u. a.) festzustellen.

Die Probleme der Sorption und Desorption von Feuchtigkeit durch Stärke sind von Je. I. Schurawlewa (50) untersucht worden. Das interessanteste Resultat ihrer Untersuchungen war der Nachweis der Sorptionshysterese bei einer Luftfeuchtigkeit von über 0,5%. Unter diesen Bedingungen fallen die Isothermen von Desorption und Sorption nicht mehr zusammen. Der Gleichgewichtszustand des Feuchtigkeitsgehaltes der Stärke ist bei der Sorption geringer als bei der Desorption. Bei einer Luftfeuchtigkeit von 50% beträgt der Unterschied dieser Größe 17%. Das ist augenscheinlich damit zu erklären, daß die zur Sättigung der Hydroxyle neigende Stärke einen Teil der Feuchtigkeit in solvatisiertem Zustande zurückhält.

Die von Je. I. Schurawlewa begonnenen Untersuchungen sind für die Wahl geeigneter Aufbewahrungsbedingungen für Stärke von Wichtigkeit.

6. *Schlußwort*

Hiermit schließen wir die Betrachtungen der Eigenschaften der Stärke und des Glykogens sowie die bei ihnen angewandten Arbeitsmethoden ab. Über die verschiedenen natürlichen Stärken zu sprechen, hat nur Sinn, wenn die Prozesse ihres biochemischen Auf- und Abbaues berücksichtigt werden. Wegen Raummangels können wir uns in vorliegender Arbeit damit nicht befassen.

Bemerkt sei nur, daß uns in einigen Fällen die Natur beim Isolieren reiner Fraktionen zu Hilfe kommt. So entdeckten im Jahre 1948 Bourne, Peat und Nicholls (51), daß die Samen der Erbse Steadfast eine Stärke enthalten, die zu 98% aus Amylose besteht. Es ist verständlich, daß die Gewinnung dieser Stärke das geeignetste Material für eine „Fraktionierung" der Amylose darstellt.

Gewöhnlich wird die Eignung zu einer Fraktionierung durch das Röntgenogramm (d. h. durch die Klasse) der gegebenen Stärkesorte bestimmt (siehe S. 35). Sofern beabsichtigt ist, höchstpolymere Amylose zu erhalten, ist Maisstärke zu benutzen (zu bemerken ist jedoch, daß die Maisstärke insgesamt lediglich 2 bis 3% Amylose enthält). In diesem Falle ist die Trennung am besten durch Adsorption an $Al(OH)_3$ vorzunehmen.

Es wäre noch von Interesse, die Stärke mit anderen Polysacchariden zu vergleichen. Eine eingehende Behandlung dieser Frage würde zu viel Platz in Anspruch nehmen, sowie auf das Problem der biochemischen Synthesen übergreifen, mit denen wir uns hier jedoch nicht beschäftigen können.

Erforderlich ist es jedoch, einige Polyglucoside, die analog der Stärke gebaut sind, kurz zu erwähnen. In erster Linie ist die Cellulose zu nennen; sie ist ein Analoges oder genauer ein Isomeres der Amylose (wenn man Kettenteile von gleicher Länge miteinander vergleicht). Der einzige Unterschied besteht darin, daß die benachbarten Glucoseglieder in der Cellulosekette im Verhältnis zu einander um 180° gedreht, d. h. durch β-1,4-Bindungen miteinander verbunden sind (Abb. 12). Durch diesen dem Anschein nach geringfügigen Unterschied werden die völlig anderen Eigenschaften der Cellulose bedingt[1]. Die Cellulose ist im Vergleich zur Amylose verhältnismäßig widerstandsfähiger hinsichtlich einer Hydrolyse durch Fermente und Säuren (Cellulose hydrolysierende Fermente sind im Verdauungssaft nur einiger Bauchfüßler, Insekten und Würmer, die sich von Holz nähren, vorhanden). In reinem Wasser sind selbst künstlich gewonnene niedermolekulare Cellulosefraktionen (Polymerisationsgrad 40) völlig unlöslich. Die Makrostruktur der Cellulose unterscheidet sich scharf von der Struktur der Stärke. Die linearen Moleküle sind in Form langer außerordentlich stabiler Bündel gelagert. Die Bindung zwischen den einzelnen Fadenmolekülen hat micellaren Charakter. Die Micelle der Cellulose sind erheblich widerstandsfähiger als die der Stärke; sie zu zerstören, gelingt nur bei energischer chemischer Behandlung. Die micellaren Fäden weisen eine Dicke von 50 bis 150 Å auf und vereinigen sich zu dicken Fibrillbündeln von 300 bis 500 Å Dicke. Aus Fibrillen besteht die eigentliche Faser (53).

Dieser Aggregationscharakter der Cellulosemoleküle steht in engem Zusammenhang mit den Funktionen der Cellulose in der Natur. Während Stärke und Glykogen gewissermaßen als Energiespeicher zu bezeichnen sind, die für die Lebenstätigkeit erforderlich sind, und deren Energie bei der Verbrennung der Glucose in glycolytischen oder Oxydationscyclen frei wird, gewährleistet die Cellulose die strukturelle Stabilität pflanzlicher Organismen, indem sie als Grundkomponente in den Bestand der Holzfaser und des Zellstoffes eingeht. Es ist des-

---

[1] Näheres siehe in der bekannten Monographie von P. P. Schorygin (52).

halb verständlich, daß der Widerstand der Cellulose gegenüber chemischen und mechanischen Einwirkungen außerordentlich hoch sein muß. Aus dem gleichen Grunde darf die Quellung der Cellulose unter natürlichen Bedingungen bei Feuchtigkeit nicht zu merklichen strukturellen Veränderungen führen und ist nicht von einer Desaggregation begleitet.

Was sind nun die Gründe einer so großen Stabilität der Cellulose? Eine geraume Zeit wurde sie mit dem Vorhandensein einer echten, kristallinen Struktur erklärt. Auf Grund röntgenographischer Befunde nahmen MEYER, MARK und andere Forscher an, daß die kristalline Phase der Cellulose den Fasern die Festigkeit, den hohen Elastizitätsmodul und den Widerstand gegenüber Biegung verleiht, die amorphe Phase aber die bleibende Elastizität und die Weichheit. Die Fähigkeit zu chemischen Reaktionen wurde fast ausschließlich mit der amorphen Phase in Verbindung gebracht. Die langjährigen Untersuchungen von W. A. KARGIN (54) und seiner Mitarbeiter ergaben jedoch, daß die Cellulose ein rein amorpher Stoff ist. Es ist darum erforderlich, die Ursachen für die Stabilität der Cellulose in den Besonderheiten ihrer Mikrostruktur zu suchen. Hier bestand die Hauptschwierigkeit darin, daß es fast unmöglich schien, eine molekulardisperse Lösung für osmotische und Sedimentationsmessungen zu erhalten. Die Anwendung energischer Mittel für die Desaggregation und Lösung der Cellulose führte zu erheblichen Ungenauigkeiten infolge Depolymerisation. Nach dem Wesen der Dinge liegt das Hauptproblem nicht in den Messungen, sondern in der Darstellung des zu messenden Materials. Diese Aufgaben lösten W. I. IWANOW und O. P. GOLOWA (55). Sie wiesen nach, daß die Cellulosemoleküle aus Ketten mit Polymerisationsgraden von über 10000 bestehen, was die physikalischen Eigenschaften der Cellulose vollständig erklärt. Bei so gigantischen Molekülen übersteigen die sich summierenden zwischenmolekularen Kräfte die chemischen Bindungskräfte der Hauptvalenzkette. Daher werden die makroskopischen Eigenschaften der Cellulose hauptsächlich von den zwischenmolekularen Kräften bestimmt.

Es ist ferner zu bemerken, daß im Unterschied zur Amylose in den Celluloseketten einige Glieder an sich nicht aus Glucoseresten, sondern aus Glucuronsäure bestehen.

Auf die bemerkenswerten mechanischen Eigenschaften der Cellulose war bis vor kurzem die gesamte Kunstfaserindustrie der UdSSR, die zu einer hohen Entwicklungsstufe gelangte (56), aufgebaut.

Ein anderes Analoges der Amylose ist das Lichenin, ein in isländischem Moos und einer Reihe von Flechten vorkommendes Polyglucosid. Das Lichenin besteht aus einer Mischung praktisch unverzweigter Polymerer. Es ist von ausgeprägt amorpher Struktur und in warmem Wasser leicht löslich. Methylierung zeigt einen sehr unregelmäßigen Bau der Licheninmoleküle. Alle Glucoseglieder sind miteinander durch β-glucosidische Bindungen verknüpft, von welchen $73 \pm 4\%$ des Typus 1,4 und $27 \pm 4\%$ des Typus 1,3 sind (57). Ein Kettenabschnitt des Lichenins sieht annähernd wie folgt aus (Abb. 12):

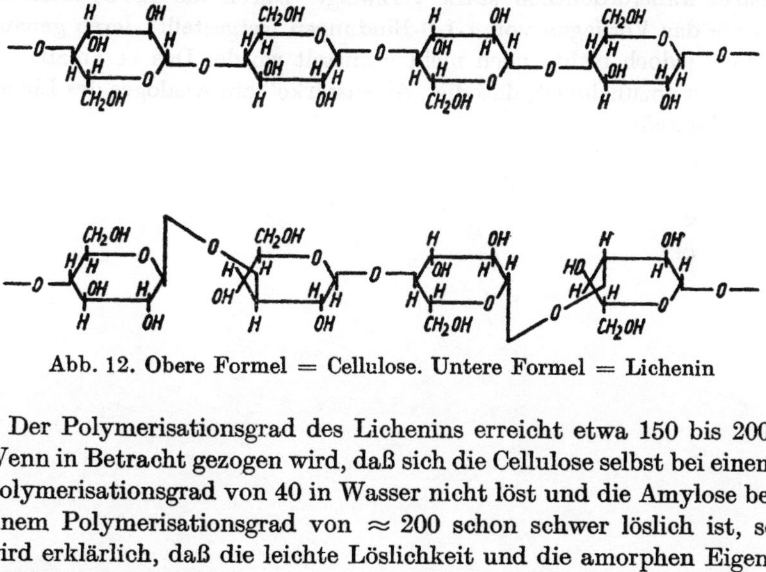

Abb. 12. Obere Formel = Cellulose. Untere Formel = Lichenin

Der Polymerisationsgrad des Lichenins erreicht etwa 150 bis 200. Wenn in Betracht gezogen wird, daß sich die Cellulose selbst bei einem Polymerisationsgrad von 40 in Wasser nicht löst und die Amylose bei einem Polymerisationsgrad von ≈ 200 schon schwer löslich ist, so wird erklärlich, daß die leichte Löslichkeit und die amorphen Eigenschaften des Lichenins gerade auf dessen unregelmäßige Struktur zurückzuführen sind.

Eine Zeitlang nannte man das Lichenin „Reservecellulose". Diese Bezeichnung hat einen bestimmten Sinn. Es besteht in der Tat eine genetische Verknüpfung zwischen dem Lichenin und der Cellulose, sie ist aber im historischen Sinne zu verstehen. Die Cellulose bildet sich nicht aus dem Lichenin. Doch aller Wahrscheinlichkeit nach ist das Lichenin der Vorgänger der Cellulose im Evolutionsprozeß der Pflanzenwelt.

Nicht minder interessant ist, daß auch die Stärke ein Analoges hat, wobei die Stärke ungefähr dasselbe ist wie die Cellulose im Vergleich zum Lichenin. Es ist das Polysaccharid des roten Seetanges (algae) Dilsea edulis (58). Mit Jod gibt dieses Polysaccharid eine Färbung von dunkellila bis braun. Nach der Säurehydrolyse resultieren bis 96% Glucose. Im Polysaccharid sind keinerlei andere Zuckerarten festgestellt worden. Dialysierter Malzauszug spaltet diese „Algenstärke" („Floridean starch") in Maltose. Doch wirkt reine (kristalline) β-Amylase auf sie fast nicht ein (3% Maltose). Vermutlich ist das Polysaccharid außerordentlich stark verzweigt. Durch die KJO_4-Methode wurde das Vorliegen von α-1,3-Bindungen festgestellt, deren genaue Menge jedoch bisher noch nicht ermittelt wurde. Das veranlaßt die Autoren anzunehmen, daß die „Algenstärke" ein Analoges des Lichenins darstellt.

Literaturverzeichnis

1. K. H. MEYER, Adv. in Coll. Science 1, 143 (1942).
2. T. J. SCHOCH, Cereal Chem. 18, 121 (1941); J. Am. Chem. Soc. 64, 2957 (1942).
   WILSON, SCHOCH u. HUDSON, J. Am. Chem. Soc. 65, 1380 (1943).
3. K. H. MEYER u. MARIA FULD, Helv. Chim. Acta 32, 757 (1949).
4. J. R. KATZ u. v. ITALLIE, Z. Phys. Chem. A 150, 90 (1930).
   J. R. KATZ u. DERKSEN, Z. Phys. Chem. A 150, 100 (1930).
5. Б. Н. Степаненко, Усп. хим., (B. N. STEPANENKO, Fortschritte d. Chem.) 16, 708 (1947).
6. HASSID u. MCCREADY, J. Am. Chem. Soc. 65, 1154, 1157 (1943).
7. K. H. MEYER u. Mitarb., Helv. Chim. Acta 31, 1536 (1948).
8. KERR u. SEVERSON, J. Am. Chem. Soc. 65, 193 (1943).
9. WHISTLER u. HILBERT, J. Am. Chem. Soc. 67, 1161 (1945).
10. MIKUS, HIXON u. RUNDLE, J. Am. Chem. Soc. 68, 1115 (1946).
11. Бреслер, Талмуд, ДАН, (BRESSLER u. TALMUD, Veröff. d. Akad. d. Wiss. d. UdSSR) 43, 326, 367 (1944).
12. HAWORTH, PEAT u. SARGOTT, Nature 157, 19 (1946).
    HAWORTH, BOURNE, PEAT u. DONISSON, J. Chem. Soc. 1948, 1687.
13. BOURNE, PEAT u. Mitarb., J. Chem. Soc. 1949, 1.
14. K. H. MEYER u. Mitarb., Helv. Chim. Acta 31, 103 (1948).
15. K. H. MEYER, P. BERNFELD u. Mitarb., J. Phys. Coll. Chem. 53, 319 (1949)
16. K. FREUDENBERG, Naturwiss. 26, 123 (1938).
17. J. K. JONES, J. Chem. Soc. 1944, 333.
    D. J. BELL, J. Chem. Soc. 1944, 473.
    BOURNE, FANTES u. PEAT, J. Chem. Soc. 1949, 1109.
18. BROWN, HALSALL, HIRST u. JONES, J. Chem. Soc. 1948, 27.
19. HASSID u. POTTER, J. Am. Chem. Soc. 70, 3488 (1948).
20. K. H. MEYER u. Mitarb., Helv. Chim. Acta 31, 1540, 1545 (1948).
    K. H. MEYER u. P. RATHGEB, Helv. Chim. Acta 32, 1102 (1949).
21. HALSALL, HIRST u. Mitarb.; K. H. MEYER, GÜRTLER u. BERNFELD; SIR NORMAN HAWORTH (drei Diskussionsbriefe an die Redaktion); Nature 160, 899 (1947).
22. PACSU u. HILLER, Text.-Research. J. 16, 243 (1946).
23. T. J. SCHOCH u. C. JENSEN, Ind. Eng. Chem. Anal. Ed. 12, 531 (1940).
    R. W. KERR, J. Am. Chem. Soc. 62, 2735 (1940).
    SCHOCH, LANSKY u. KOOI, J. Am. Chem. Soc. 71, 4066 (1949).
24. С. В. Недзвецкий, Изв. АН СССР, ОХН, (S. W. NEDSWEZKI, Mitt. d. Akad. d. Wiss. d. UdSSR, Abteilung Chem. Wissensch.) 7, 1561 (1934).

25. K. Freudenberg, E. Schaaf u. Mitarb.; Naturwiss. **27**, 850 (1939).
26. R. E. Rundle u. Mitarb., J. Am. Chem. Soc. **65**, 142, 554; 558; 1707; 2200 (1943); **66**, 111; 2116 (1944).
27. R. S. Bear u. D. French, J. Am. Chem. Soc. **63**, 2298 (1941); R. S. Bear, J. Am. Chem. Soc. **64**, 1388 (1942).
28. R. E. Rundle u. Lester Daasch, J. Am. Chem. Soc. **65**, 2261 (1943); **66**, 130 (1944).
29. J. Foster u. L. Lepow, J. Am. Chem. Soc. **70**, 4169 (1948).
30. French u. Mitarb., J. Am. Chem. Soc. **71**, 353; 356 (1949).
31. R. S. Bear, J. Am. Chem. Soc. **66**, 2122 (1944).
32. В. В. Ковальский, ДАН, (W. W. Kowalski, Veröff. d. Akad. d. Wiss. d. UdSSR) **58**, 1083 (1947); Биохимия, (Biochemie) **13**, 131 (1948).
33. Б. Н. Степаненко, Е. М. Афанасьева, Биохимия, (B. N. Stepanenko u. Je. M. Afanassjewa, Biochemie) **12**, 111 (1947).
34. Б. Н. Степаненко, Е. М. Афанасьева, Биохимия, (B. N. Stepanenko u. Je. M. Afanassjewa, Biochemie) **14**, 317 (1949).
35. P. Bernfeld u. Mitarb., Helv. Chim. Acta **31**, 1420 (1948).
36. B. W. Smith u. J. H. Roe, J. Biol. Chem. **179**, 53 (1949).
37. R. W. Kerr, Nature **164**, 757 (1949).
38. P. Bernfeld u. H. Studer-Pecha, Helv. Chim. Acta **30**, 1895 (1947).
39. P. Bernfeld u. P. Gürtler, Helv. Chim. Acta **31**, 105 (1948). K. H. Meyer u. P. Bernfeld, Helv. Chim. Acta **31**, 1536 (1948).
40. C. S. Hanes, Proc. Royal Soc. B **129**, 174 (1940). М. И. Княгиничев, Биохимия, (M. I. Knjaginitschew, Biochemie) **14**, 249 (1949).
41. R. W. Kerr u. E. C. Cleveland, J. Am. Chem. Soc. **71**, 3455 (1949).
42. А. В. Думанский, Колл. ж., (A. W. Dumanski, Koll. J.) **5**, 585 (1939); Лиофильность дисперсных систем, изд. Воронежского гос. ун-та, („Die Lyophilität disperser Systeme", Ausgabe d. Staatl. Universität Woronesch), 1940; Учение о коллоидах, Гсхимиздат, („Die Lehre von den Kolloiden" Goschimizdat) 1948.
43. С. М. Липатов, Высокополимерные соединения (лиофильные коллоиды), изд. АН БССР, Ташкент, (Ss. M. Lipatow, „Hochpolymere Verbindungen (lyophile Kolloide)", Ausgabe d. Akad. d. Wiss. d. BSSR, Taschkent, 1943; Физико-химия коллоидов, Госхимиздат), („Physikochemie der Kolloide"; Goschimizdat) 1948.
44. С. М. Липатов, Г. В. Липатова, Усп. хим., (Ss. M. Lipatow u. G. W. Lipatowa, Fortschr. d. Chem.) **9**, 902 (1940).
45. А. И. Рабинович, Усп. хим., (A. I. Rabinowitsch, Fortschr. d. Chem.) **10**, 16 (1941).
46. В. И. Назаров, Усп. хим., (W. I. Nasarow, Fortschr. d. Chem.) **6**, 1105 (1937).
47. В. И. Назаров, А. В. Николаев, ДАН, (W. I. Nasarow u. A. W. Nikolajew, Veröff. d. Akad. d. Wiss. d. UdSSR **20**, 573 (1938); **24**, 262 (1939).

48. В. И. Назаров, ЖПХ, (W. I. Nasarow, J. angew. Chem.) **12**, 1745 (1939).
49. В. А. Пчелин, Колл. ж., (W. A. Ptschelin, Koll. J.) **5**, 717 (1939).
50. Е. И. Журавлева, Колл. ж. (Je. I. Schurawlewa, Koll. J.) **10**, 203 (1948); **12**, 32 (1950).
51. Bourne, Peat u. Nicholls, Nature **161**, 206 (1948).
52. П. П. Шорыгин. Химия целлюлозы, ГОНТИ, (P. P. Schorygin, „Chemie der Cellulose", Gonti), 1939.
53. В. И. Иванов, Новое в химии целлюлозы (Труды IV конференции по высокомолекулярным соединениям, изд. АН СССР, (W. I. Iwanow, „Neues über die Chemie der Cellulose", Arbeiten der IV. Konferenz über hochmolekulare Verbindungen; Ausgabe d. Akad. d. Wiss. d. UdSSR) 1948.
54. В. А. Каргин, Н. В. Михайлов, ЖФХ, (W. A. Kargin u. N. W. Michailow, J. phys. Chem.) **14**, 195; 205 (1940).
В. А. Каргин, Н. В. Михайлов, В. И. Елинек, Исследования в области высокомолекулярных соединений (доклады к VI конференции по высокомолекуляуным соединениям), изд. АН СССР, (W. A. Kargin, N. W. Michailow u. W. I. Jelinek) „Untersuchungen auf dem Gebiete hochmolekularer Verbindungen"; Veröffentlichungen zur VI. Konferenz über hochmolekulare Verbindungen, Ausg. d. Akad. d. Wiss. d. UdSSR (1949), 281—288; 315—328.
Б. А. Каргин и сотр., ДАН, (W. A. Kargin u. Mitarb., Veröff. d. Akad. d. Wiss. d. UdSSR) **67**, 659 (1949).
55. О. П. Голова, В. И. Иванов, О молекулярном весе целлюлозы, изд. АН СССР, (O. P. Golowa u. W. I. Iwanow, „Über das Molekulargewicht der Cellulose", Ausg. d. Akad. d. Wiss. d. UdSSR) 1949.
56. Труды IV конференции по высокомелекуляриым соедииениям изд. АН СССР, (Arbeiten der IV. Konferenz über hochmolekulare Verbindungen; Ausg. d. Akad. d. Wiss. d. UdSSR) 1948.
57. K. H. Meyer u. P. Gürtler, Helv. Chim. Acta **30**, 751 (1947).
58. Barry, Halsall, Hirst u. Jones, J. Chem. Soc. 1949, 1468.

Bei Fragen zur Produktsicherheit wenden Sie sich bitte an:
If you have any questions regarding product safety,
please contact:

Walter de Gruyter GmbH
Genthiner Straße 13
10785 Berlin
productsafety@degruyterbrill.com